Pine

松の文化誌

ローラ・メイソン 著
Laura Mason

田口未和 訳

花と木の図書館

原書房

［……］は訳者による注記である。

ヨセミテ国立公園のサトウマツ（学名 *Pinus lambertiana*）。この種を発見したヨーロッパ人の植物学者のデヴィッド・ダグラスは、「思い焦がれていた松」と呼んだ。

序章 風と火と光

松の木と関係が深いものといえば、風と火と光。風は松の花粉を木から木へと運び、多くの松の種子を遠くまで散布し、松にとってはしばしば敵ともなる炎をあおる。火は、成熟した松や枯れた松の樹脂の力を借りて燃え上がり、土壌を肥やし種子の発芽をうながす。松の種類によっては、火はその成長・繁殖過程に欠かせない役割を果たし、火の熱で球果《きゅうか》（松かさ）が開き種子を放出する。また、山火事で焼き払われた土地では、松の幼木がたっぷりの光を浴びて育つ。火と光は人類の文化における松の歴史とも関係が深い。その歴史には矛盾したことながら、水と航海、そして、それらを取り巻く言葉上の多義的な表現が登場する。

松（マツ科、マツ属）には、分類学上の考え方、あるいはどの情報源を利用するかによって、100〜110ほどの種類がある。[1] 松は常緑針葉樹で、木質の球果に種子を含み、針状の葉が束になって枝から伸びる。一般に、松はあまり土壌を選ばない。種によってそれぞれ弱点はあるが、マツ属の植物はドロマイト質石灰岩のようなアルカリ性の土壌、砂丘、蛇紋岩《じゃもんがん》［かんらん石が地下

ポール・セザンヌ「サント＝ヴィクトワール山」（1887年頃、キャンバス、油彩）。セザンヌの作品には松を描いたものが多い。エミール・ゾラへの手紙で、セザンヌはなつかしいアルク川の土手の松の思い出にふれ、土手を歩く彼らを松の針葉が日差しから守ってくれたように、伐採者の手から松が守られることを願った。

深部で変質した岩石で、表面に蛇皮《じゃび》のような模様がある。アスベストを含む」など栄養価が低く有毒鉱物が多い土壌、沼地などでも生育する例が見つかる。

松の木の成長には季節の変化が必要だ。マツ属の植物はしばしば北方の気候をイメージさせ、通常は四季の寒暖のある地域の植物とされるが、なかには熱帯地域に生育する種もある。その場合にも、雨季と乾季がはっきり分かれていることが重要な生育条件になる。

多くの人が松と聞いて思い浮かべるのは、北アメリカの大地に広がる濃緑の北方林か、ユーラシア大陸のタイガ（針葉樹林帯）だろう。松は亜寒帯地域、高山地域、半砂漠、海岸など、他の多くの植物が繁殖しにくい土地にも育つ。しかし、こうした土地でも、松だけがそこで生育する唯一の樹木になることはめったにない。樺や樫などの他の針葉樹、ジュニパー、ヘザー、ビルベリーなどの常緑低木、北アメリカならセージブラッシュまたはシャパラル（chaparral）と呼ばれる低木の茂み、地中海地方ならマキ（maquis）と呼ばれる灌木群などが松のそばで一緒に育つ。サバンナのような草原に育つ松もある。温帯気候では高山種となることが多いが、海面レベルの低地で育つ種もある。生命力が強く、厳しい環境にも耐えられるが、肥沃な土壌では他の樹木との競争に負けて、追いやられがちだ。そうした環境下では、より条件の悪い土地まで徐々に後退し、そこで再び繁殖に適した条件が整うまで生き延びる。松は、何もない土地に真っ先に挑むパイオニアのように見えるかもしれない。焼き払われたあとの土地、放置された野原、大木が倒れたあとにできた空間などだ。しかし、その松の木陰に守られ、別の種の樹木が一緒に育っていく。そして、その種がやがては松の若木から光を奪い、松に代わってその土地の支配的な種となっていくのである。

松を新たな土地に移入して環境に適応させるという考えは奇妙に思えるかもしれないが、実際にそうした例として、カサマツ、あるいはイタリアカサマツ（学名 *Pinus pinea*）と呼ばれる地中海地方の種がある。しかし、ヨーロッパ北部の人たちが典型的な松の木として思い浮かべるのは、カール・フォン・リンネの植物分類で「森の松」を意味するヨーロッパアカマツ（学名 *Pinus sylvestris*）だろう。英語ではスコッチパイン（Scots pine）として知られ、他の言語でもそれぞれの名称――ピニョ・ブラーボ（piño bravo）、ゲマイネ・カイファー（gemeine keifer）、ソスナ・レスナヤ（sosna lesnaya）、ピン・シルヴェストリ（pin sylvestre）[2]――がある。生育分布が広く、高緯度の厳寒の冬にも耐えられる松は、スコットランドやノルウェーの大西洋岸からロシアの太平洋岸まで、氷河で浸食された山々を覆う。初期のヨーロッパの探検家たちは、のちに彼らが北アメリカ、中国、東南アジアでこれほど多彩な種類の松に出会うとはおそらく想像もしていなかっただろう。

松の分類は複雑で、生態的にも経済的にも重要視される樹木のため、このテーマで書かれた論文の数が多すぎて手に負えない[3]。文化的、社会的な意味合いも深い。天然林に生育する松は特別な生態系を生み出し、精神世界とも結びつけられる。極東地域では、松の木の粘り強く生き抜く忍耐力が賛美される。その枝葉、形態、松かさは、どの時代にも芸術家の興味を引いてきた。栽培樹木としては、材木用に、あるいは繊維やボール紙にするために伐採される。庭木としての松は、形と色が魅力の素だ。またマツ属には、世界最古の生きた樹木と呼ばれる木がある。そして、おそらく何より重要なこととして、松の木から作る製品は、鉱油や石油化学製品が開発される以前の世界では、防腐剤や溶媒として必需品だった。

第1章　松の木の博物学

マツ属（学名 *Pinus*）の木は、北アメリカからユーラシア、南に下って中国から東南アジアまでの北半球に自生する。イギリス人が松の木を目にする機会は多くはない。よほど好奇心が強いか、特別な理由がないかぎり、多くの種類の松を観察することはないだろう。もっともよく知られているのはヨーロッパアカマツで、濃緑の短い葉、小さめの松かさ、上部の枝のオレンジ色の樹皮が特徴の美しい木だ。イギリス人は人工林にある一群の針葉樹を、北米原産のコントルタマツ（学名 *Pinus contorta*）だとは気づかずに、おそらく少し小ばかにしたように眺めているかもしれない。あるいは、オーストリアマツやコルシカマツの名で呼ばれるヨーロッパクロマツ（学名 *Pinus nigra*）の防風林のそばを歩いたり、日本庭園の美しく剪定されたクロマツ（学名 *Pinus thunbergii*）を愛でたりしているかもしれない。しかしこれらのどれも、マツ属の木がいかに多様であるかについても、分布や生育環境についても、まったく手がかりを与えてくれない。さらに、松には自然の働きで生まれた、または人工的に生み出された亜種、変種、栽培品種（園芸家が意図的に掛け合わせた種）、混合種がたくさんある。

　マツ属とその近縁種、たとえば同じマツ科の仲間であるトウヒやモミとのいちばんわかりやすい違いは、その針状の葉だ。「糸のように長く、細い。硬く、丈夫で、常緑。先端はとがっているか、針のように〔鋭い〕。葉元は薄い膜のような葉鞘《ようしょう》に覆われている」。17世紀末にフランスの薬剤師ピエール・ポメが、松の針葉についてそう記している。[1] 葉は短い新梢《しんしょう》〔新しく伸びた枝〕から伸びる。その新梢は、もっと太く、目につきやすい長い枝から育つ。モミ属（学名 *Abies*）とトウヒ属（学名 *Picea*）はとくによく松と間違われる。このふたつの属はどちらも、成長中の枝一面に一本一本の葉が伸びる。モミの葉を引き抜くと、円形の跡が残る。これに対して、トウヒを引き抜いたときには葉元に小さな、湾曲したとげが残り、小枝がざらざらになる。

　マツ属は、紙のような鞘《さや》（実際には葉の一種）が葉を小さな束《たば》にまとめている。この鞘のなかの葉元ではそれぞれの葉が密着し、切断面はパイを切り分けたときのような楔形《くさびがた》に見える。ひと束の葉の数が、松の種類を見分ける最初の重要な手がかりだ。種によって、2本束、3本束、5本束のものがあり、メキシコの松には8本束の種もある。ほかにも、この分け方に当てはまらないめずらしい種がある。パリーピニオン（学名 *Pinus quadrifolia*）の葉はほとんどが4本束で、アメリカヒトツバマツ（学名 *Pinus monophylla*）はひと束1本だけだが、それでも束を覆う葉鞘がある。だからこれもマツ属で間違いない。葉鞘も、マツ属であることを確かめる重要な要素だ。種によって、葉とともに鞘も抜け落ちるものもあれば、鞘だけ枝に残るものもある。

　植物学者にはすべての細かい情報が重要だが、本書は植物学についての本ではない。松の一族の

「ゴヨウマツ」（五葉松／学名 *Pinus parviflora*）。19世紀の日本のペン画。明らかにヨーロッパの植物画の影響を受けているが、重要な細部の描写に欠けている。針葉（5本の束になって枝から伸びる）、丸い松かさ、枝先の冬芽を描いている。

パツラマツ（学名 *Pinus patula*、英語名の Mexican weeping pine は「メキシコの枝垂れ松」の意）の長く垂れ下がる針葉。

観察者が驚かされることのひとつは、松栽培園などに行くとわかるように、色や質感、とくに針葉の長さがじつにさまざまなことだ。寒冷地や乾燥した地域に生育するいくつかの種、たとえばロッキー山脈のブリストルコーンパイン（イガゴヨウ、学名 *Pinus aristata*）や、カナダの北方林に見られるバンクスマツ（学名 *Pinus banksiana*）は、葉の長さが2～3センチしかない。葉はずんぐりと密集したかたまりの状態で枝から生えるもの——ぴったりの名前がついたフォックステイルマツ（学名 *Pinus balfouriana*）など——や、枝先に房になって育つもの——チョウセンゴヨウ（学名 *Pinus koraiensis*）——がある。

北アメリカ南西部原産のビショップマツ（学名 *Pinus muricata*）や中国のアブラマツ（学名 *Pinus tabuliformis*）のように、個々の葉がねじれている種もあれば、メキシコのオーカルパマツ（学名 *Pinus oocarpa*、スペイン語ではピニョ・デ・コロラド）のように、25センチもの長さに伸びる繊維質の葉もある。ヒマラヤマツ（学名 *Pinus roxburghii*）は房状になった葉が松かさを覆うように優雅に垂れ下がり、メキシコのパツラマツ（学名 *Pinus patula*、スペイン語名ピニョ・トリステ）の長い葉は、どこか悲しげに垂れている。

種によって、クリスマスカードの雪に見立てたフロスティングのような白い樹脂の斑点があるもの（ブリストルコーンパインなど）、ゴヨウマツ（学名 *Pinus parviflora*）のように優雅に弧を描くもの、あるいは、メキシコのマルチネスマツ（学名 *Pinus maximartinezii*、スペイン語名マクシピニョン）のように目立った特徴――葉の裏側にワックスを塗ったような白い層がある――をもつ種もある。多くの松の葉色は濃い緑だが、サトウマツ（学名 *Pinus lambertiana*）のあざやかな青緑から、サビンマツ（グレーパイン、学名 *Pinus sabiniana*）のくすんだ灰緑、クラウサマツ（学名 *Pinus clausa*）の黄緑色まで幅がある。

ベトナムの森に生育するクレンプマツ（学名 *Pinus krempfii*）の針葉は、長さ3〜7センチ、幅5ミリほどで、三日月刀のような形をしている。この松が発見されたとき、針葉の形は植物学者たちを大いに悩ませた。この松をどう分類していいのか確信がもてず、結局、独立した属、少なくとも *Ducampopinus* という新たな亜属を設けるのがいいだろうと提案された。現在は、おそらくマツ属の一種に含まれるだろうと考えられている。[2]

松は、日常の会話ではよく常緑樹と呼ばれるが、じつをいうと、松の針葉は枝から抜け落ちる。多くの種は2年か3年ごとに落葉するが、フォックステイルマツやブリストルコーンパインの針葉は、長いときには17年も枝にとどまる。ヨセミテ渓谷の自然環境保護に尽力した著述家のジョン・

ミューア（1838～1914年）は、フォックステイル（キツネの尾）の名前は、「鉱山作業員が長くてもじゃもじゃの房になった葉を見て言い表した呼び名にちなむ。松のなかでは飛びぬけて絵になる木だ」と述べている。[3] 長持ちする針葉が、枝に房飾りをつけたような特徴的な見かけを与えているのだ。

松の球果、いわゆる「松かさ」は、中軸のまわりにらせん形に連なる鱗片《りんぺん》でできている。18世紀後半、ピエール・ポメは、その成り立ちを次のように表現した。

> （始まりは）ちいさなつぼみだ。そのつぼみがやがて、うろこ（鱗片）に覆われた大きな実に成長する。球形かピラミッド型で、色は赤味を帯びている。実を構成するうろこは硬い木質で、たいていは基部［主軸にくっついている部分］より先端に近いほど厚みがある。うろこの内側に縦長のくぼみがふたつあり、そこに硬い殻にまもられた楕円形の種子がおさまる。種子は赤茶色をした薄くて軽い内皮で覆われるか縁どられている。[4]

ストロンビルス（strobilus）というラテン語は、「回転する（turning）」を意味する語に由来し、松（やその他の針葉樹）の繁殖器官を内包する未成熟の球果全般を表す植物学用語となった。松は春になると雄と雌のストロンビルス（コーン）をつける［雌のコーンが受粉後に成熟したものが一般に球果（松かさ）と呼ばれる］。雄のコーン（花粉錐《すい》）は、「尾状花序《びじょうかじょ》」や、ときには「花」と呼ばれるが、雄のコーンも雌のコーンも正確には花ではない［植物図鑑などでは便宜的に雄花、雌花とし

イタリアカサマツ（学名 *Pinus pinea*）の花粉錐から放出された花粉の霧が風に運ばれる。

ているものも多い」。

花粉錐は新梢の基部にかたまってつき、長さは15ミリ程度と比較的小さい。通常はクリームイエローか黄褐色だが、赤、紫、ピンクの花粉錐をつける種もある。ポメは、このコーンのことを「いくつかの皮膜が折り重なったもので〔中略〕なかには軽いほこりしか入っていない」と表現している。[5] この「ほこり」こそが、大量に生成される花粉のことだ。個々の花粉粒には空気が入ったふたつの小さな袋がついている。松は風を使って花粉を拡散する植物で、かなり遠くまで運ばれていく。森林に近づくと、飛散する松の花粉にすぐ気がつく。19世紀はじめの北米の植物学者、スティーヴン・エリオット（1771～1830年）は、テーダマツ（学名 *Pinus taeda*）について次のように書いた。

この種の松（本物の松はどれもそうだと私は考える）は、〔中略〕枝先に実のならない花〔すなわち花粉錐〕がひとかたまりになってつく。〔中略〕成長した花は大量の花粉を放出するため、流れのない水たまりは、この「黄色いほこり」で覆いつくされたように見える。〔中略〕ひどい嵐のあとのチャールストンの街で、小さな池が近くの川から風で運ばれてきた花粉で縁どられているのを見たことがある。[6]

雌錐（雌のコーン）、つまりポメの言う「つぼみ」は、専門用語では大胞子葉《だいほうしよう》（または大胞子《し》嚢《のう》）と呼ばれる。成長初期は小さく、枝の先端、あるいは頂芽《ちょうが》（枝の最先端にある芽で、次の生育期に木の成長をうながす）の芽元周辺にひとつだけつく。楕円または卵型で、長さは2～3センチ。吹きつける風をものともせずまっすぐに立つ。らせん構造がはっきりわかり、鱗片はわずかに反り返っている。みずみずしく、しなやかで、薄く、湾曲した縁に沿って、細やかな樹脂のしずくがビーズ状につく。色は種によってさまざまで、ピンク、深紅、マゼンタ［明るい赤紫］、紫など、あざやかな色のものが多い。

　雌錐には2種類の鱗片がある。種子を含む種鱗《しゅりん》と、葉が変形してできた、種鱗を支える苞鱗《ほうりん》だ。若い球果を縦に半分に切ってみると、真珠のような丸い胚珠《はいしゅ》［のちに種子になる部分］が縦軸に沿って密集している。風で運ばれてきた花粉は、鱗片のあいだを漂っているうちに樹脂によって吸着する。花粉粒から花粉管が伸びて、雌錐の軸まで達すると胚珠を突き破り、花粉粒と胚珠それぞれの内部にある細胞が一度だけ分裂する。すると、鱗片が閉じ、その縁は樹脂で封印される。細胞は休眠状態に入り、翌年の生育期を待つ。そのときがくると、胚珠はふたつの卵細胞を成長させる。[7]同じように、花粉管のなかでふたつの精子細胞が成長し、受精が起こる。こうして種鱗1枚に種子ふたつができる。種子は胚珠のなかの暗いくぼみにすっぽりとおさまり、その根元は球果の中軸に沿って向かい合うように集まっている。

　球果（松かさ）は2年から3年かけて成熟する。成長するにつれ、枝から垂れ下がるようになる。未成熟の球果の色はあざやかな赤紫、明るい青緑、白っぽい緑など、種によって異なる。表面はつやがあり、楕円形かひし形をした鱗片の先端部分は複雑な折り紙のような質感だ。成熟期に入ると、松かさのイメージどおりの黄褐色か栗色になる。英語のコーン（cone）という一般的な呼び名はラ

ヨーロッパアカマツ（学名 *Pinus sylvestris*）の枝。新たな成長期に入り、未成熟の雌の球果をつけている。

テン語に由来し、松かさの全体的な形、つまり、先端がとがり、下側は球のような丸みを帯びた形を表す。外側は、重なり合う鱗片が基部から先端までらせんを描く。木質の鱗片を1枚ずつはがしていくと、どのような配列で中軸についているかがよくわかる。

松かさはどれも同じような構造をしているが、大きさ、形、質感はじつにさまざまだ。形は大きくふたつに分かれる。ひとつは細長い形。鱗片はわずかに柔軟性があり、革のような質感で、松かさ全体を枝にくっつけている果柄《かへい》から優雅でスリムなカーブを描いて飛び出している（マツ属のなかでも *Strobus* の亜属にこの形が多い）。もうひとつは、*Pinus* の亜属に典型的な形で、もっと小ぶりの卵型。短く太い茎と、硬い木質の鱗片が特徴だ。鱗片の細部を見ると違いがよくわかる。ほっそりとして柔軟性のある松かさでは、それぞれの鱗片の露出した部分は、先端から基部までが長い。深い扇型の先端部は小さなこぶで終わる。対する小ぶりの球果では、木質で軸の長い鱗片がコーンを取り囲み、露出した先端部分はひし形がびっしり並んだ状態になり、それぞれの鱗片を横断する背骨のような稜《りょう》がある。稜の真ん中にはいくぶん盛り上がった突起があり、しばしば鋭いとげ状になっている。この突起は、「umbo」（盾の中央にある浮き出し模様を表すラテン語）という名称で、これが鱗片の先端部にある種と、背面にある種があり、種によっては木質の小さなピラミッドを形成している。松かさの形と大きさ、突起の様態と、とげがあるかないかは、種類を特定するための重要な手がかりとなる。

とげのあるこの突起が目立つあまり、名前の一部に組み込まれている松もある。ブリストルコーンパイン（イガゴヨウ）の松かさは、成熟したものも未成熟のものも、文字どおり「イガ」（栗の

カリフォルニア州原産のサビンマツ（学名 *Pinus sabiniana*）の巨大な松かさ。鱗片が逆立っている。

ような、とげのある外皮のこと）に覆われて見える（英語の bristle は「逆立つ」の意）。アメリカ東部に生育するテーブルマウンテン・パインのラテン語の学名 *pungens* は、「突き刺す」を意味する。これは、葉にとげがあるからというのが理由のひとつだが、松かさに先が曲がった鋭い突起があるからでもある。エキナタマツ（学名 *Pinus echinata*）の成熟前の球果は、ハリネズミかウニ（ラテン語の echinus はこの両方を意味する）のとげのように逆立っている。ビショップマツのラテン語の学名 *Pinus muricata* は、殻に多くのとげがあるアクキガイ（murex snail）を思い起こさせる。

球果の大きさも松の種類によって異なる。バンクスマツの松かさは長さ2～3センチでとても小さい。オレゴン州からカリフォルニア州にかけてシエラネバダ山脈に生育するサトウマツの松かさは、長いものでは50センチほどにもなる。重さもさまざまで、小さいものでは数グラム、〝ビッグコーン〟の名前でも知られるシシマツ（学名 *Pinus coulteri*）の丸みを帯びた卵型の、ずっしりした巨大な木質の松かさは、2キロに達するものもある。トーリーパイン（学名 *Pinus torreyana*）の松かさも大きく、どちらの種も鱗片には特徴的なかぎつめがある。

ノブコーンパイン（学名 *Pinus attenuata*）などのいくつかの種は、ゆがんだ形の松かさが目に留まる。バンクスマツの松かさは、「片側に大きく曲がっているのが特徴で、小さな角《つの》のように見える」と、イギリスの造園家ジョン・クラウディス・ラウドンが１８４０年代に書いている。[8] モントレーマツ（学名 *Pinus radiata*）の鱗片は片側だけが目立って大きく、それを補正する柄のために、枝から落ちた松かさは斜めに傾く。かさの開き方も種によって異なる。いくつかの種では成熟するとすぐにかさが開いて種子が風に乗って拡散され、その後、松かさは地面に落ちる。松かさが枝に残ったまま鱗片だけがばらばらにはがれていく種もある。「晩生球果」と呼ばれる松かさは、閉じたまま枝の上にとどまる。鱗片は樹脂で封印され、森林火災の熱で脂が溶けるとはじけるようにかさが開き、焼け跡になった地面に種子をまき散らす。

そのもっともきわだった例が、ノブコーンパインだ。閉じたままの松かさが何年ものあいだ枝の上にかたまってぶら下がっている。そのまわりや下で幹と枝がゆっくり成長を続け、徐々に松かさをのみ込んでいく。木質でとがった、わずかに丸みを帯びた松かさはカリバチの腹部にそっくりで、そのためにこの木はどこか幻想的に見える。まるで巨大な昆虫の群れが間隔をあけながら木にくっついているように見えるのだ。外部の力、とくに鳥の力を借りて種子を散布する種もある。たとえばアメリカシロゴヨウ（ホワイトバークパイン、学名 *Pinus albicaulis*）の松かさは、たとえ炎に包まれても開かない。

このような違いが、種子の多様性につながる。熟したまま開かない松かさの内部では、2個でひと組になった種子が種鱗のくぼみにおさまっている。個々の種子は薄くて硬い、こげ茶色の殻に入っている。風の力で種子をばらまくタイプの松の種子は小さく、それぞれに、風にうまく乗って遠くまで飛ぶための、羊皮紙のような翼がひとつだけついている。翼に対する種子の大きさは、松の種類によって異なる。もっとも小さい部類に入る日本のアカマツ（学名 *Pinus densiflora*）の種子は本当に小さく、筆で描いたような、優雅な感嘆符のような形をした翼の先端の膨らみが種子の部分だ。種子の基本的な形とつくりはどの松も同じで、違うのは大きさと細部だが、種子の長さが3センチを超えることはない。種によっては翼が取り外せるものもあり、翼の端が細く伸びて種子の薄

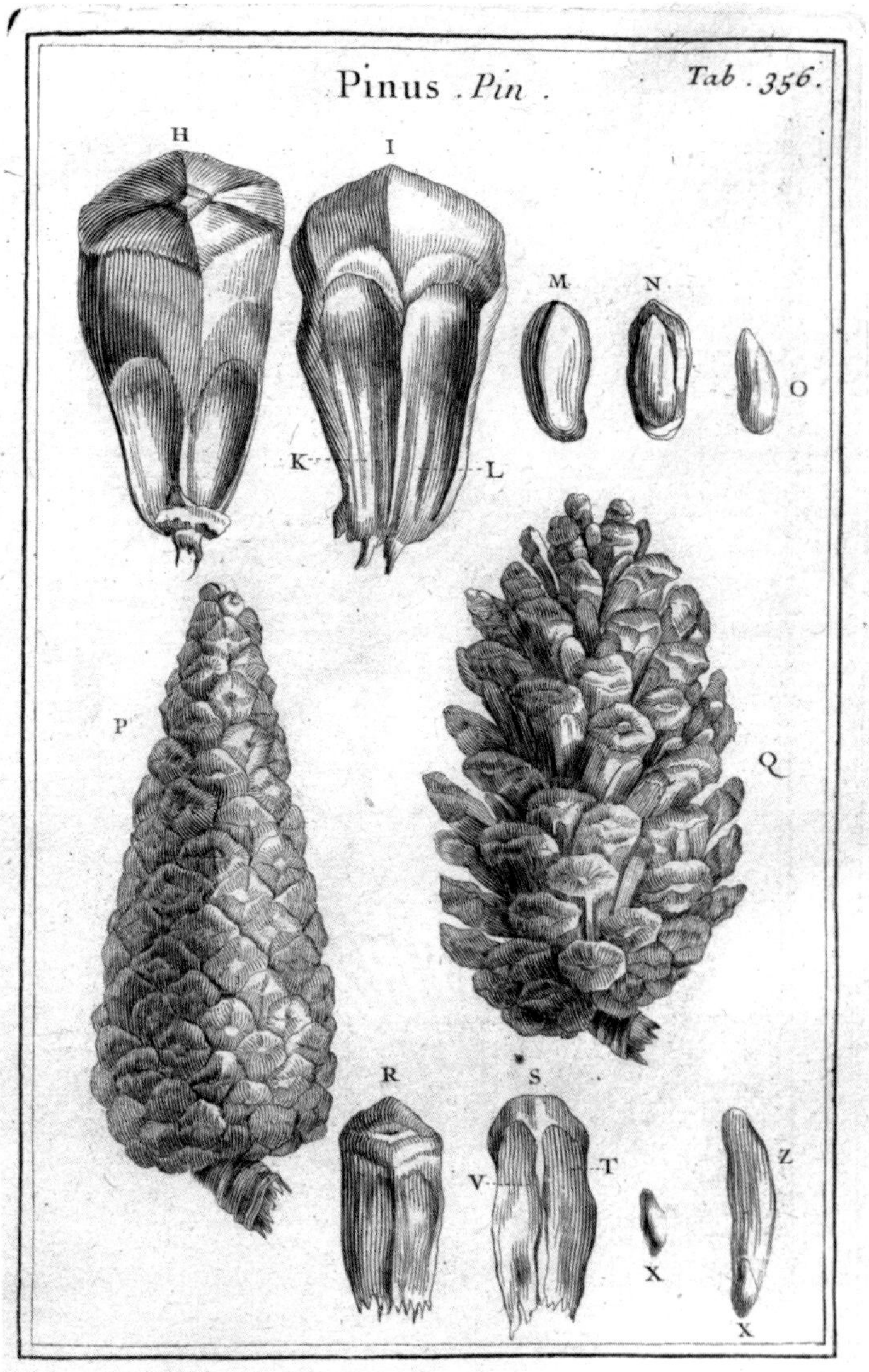

松かさを解剖してみると、鱗片に種子がおさまるくぼみがあるのがわかる。ジョゼフ・ピトン・トゥルヌフォールの『基礎植物学』（1703年）の図版。

膜を両側からはさんでいる。松かさから種子がこぼれ落ちると、翼が風を受け、「種子は風のないときには弱々しく回転しながら、風が強いときには途中で岩や木の幹にぶつかりながら、ときには何キロも先まで運ばれ、ヘリコプターのように着地する」[9]。

種子が大きく、翼がついていないように見えるものもある。本当は翼があるのだが、はさみのような腕だけに退化してしまったのだ。このタイプの種子をもつ松は、しばしばストーンパイン（stone pine）と呼ばれる。もともとはイタリアカサマツに対して使われていた名称だ（名前の由来はわかっていないが、種子が石のように硬いからかもしれない）。ストーンパインの仲間には、シベリアマツ（学名 *Pinus sibirica*）、ハイマツ（学名 *Pinus pumila*）、チョウセンゴヨウ（学名 *Pinus koraiensis*）、スイスマツと、アメリカ南西部のピニオンパイン種などがある。メキシコマツの学名（*Pinus cembroides*）は、スイスマツ（またはアローラマツ、学名 *Pinus cembra*）に由来する。種子がよく似ていたというのがその理由のひとつだ。これらの松は、他の生物の力を借りて種子を散布する。もっとも重要な媒体となるのは鳥だが、他の動物も手を貸してくれる。北米やシベリアのクマ、もっと多いのは、リスのようなげっ歯類の小動物だ。

松の木と鳥の関係がもっとも熱心に研究されてきたのはネバダ州の山林だ。この地域では、アメリカシロゴヨウがハイイロホシガラス（学名 *Nucifraga columbiana*）と共進化し、木にとっても鳥にとっても利益になる関係性を築いた[10]。体が大きく灰色をしたこの鳥は、木の枝から成熟した松かさを引き抜くと、両脚でしっかりはさんで種子を取り出し、舌の裏側にある特別な袋に最大90粒ほどためこむ。その後、飛び立って、どこかに種子を隠す。数キロも離れた場所まで運ぶこともよくあ

ジョン・ジェームズ・オーデュボンが『アメリカの鳥類』（1840 ～ 44年）の図版用に描いたハイイロホシガラス。

る。ある研究では、ホシガラスの群れがひと秋のあいだに合計1トンもの種子を蓄えたことがわかった。必然的に、その種子のいくらかは回収されることなく、木へと育っていく。

ほかにも松の種子を拡散してくれる鳥たちがいる。とくに注目すべきはアメリカ南西部の松林に生息するマツカケス（学名 *Gymnorhinus cyanocephalus*）だ。この騒々しい鳥は、夏の終わりになると、色はまだ緑だが成熟している松かさを枝からえぐり落とす。そして、鱗片をつついてばらばらにし、種子をのどにためて、冬のあいだと春の繁殖期のための食料として隠しておく。この鳥は、こげ茶色の種皮（よい実を含むことが多い）と、おそらく中が空っぽの黄褐色の種皮を区別しているように見える。マツカケスにとって松の実は、巣を守る雌とひなたちに持ち帰る大事な食料だ。そのため、すべての種子を残らず集めるか、地面に落ちてしまうかまで、収穫を続ける。秋の実りがよくない年は、翌年の夏に新しい緑の松かさが育つまで繁殖を遅らせなければならないようだ。研究者によれば、オスのマツカケスは松かさが目に入ると刺激され、精巣が発達するらしい。

見たところ、美しいエメラルド色の松かさときらめく松脂のしずくが媚薬効果をもたらし、森林に生息するおしゃべり好きな青いカケスを刺激する。繁殖の時期が遅れるのはよくないかもしれないが、まったく繁殖をしないよりはましだ、とうながすのである。[11]

殻のなかの松の実（種子）は小さい。アメリカヒトツバマツなど、もっとも大きいものでも1センチをわずかに超えるほどしかない。松の実の一方の端に、とりたてて意味がなさそうに見える小

松の実は、あまりに小さくて、殻による摩耗か何かでできたのではないかと思うほどだ。松の実を注意深くふたつに割ってみると、じつはこの孔が重要な役割をもつとわかる。細くて頼りなげな、茎のようなものがこの孔から伸び、実のなかを縦に貫いているのだ。先端部分は小さく渦を巻き、うっすらと緑がかった白っぽい色をしている。この正体は、細い胚軸《はいじく》ときつく巻かれた子葉で、これがやがて松の木に育っていく。

適切な環境が与えられ、十分な暖かさと湿度があれば、地表に落ちた松の種子の外殻は自然に割れる。すると、種子のとがったほうの端からすばやく根が出て、土のなかに伸びていく。根に引っ張られて種子は直立し、子葉は根から木として育つための水分と栄養分を得る。子葉はしだいに色が濃くなり、大きくなって地表に葉を広げる。松の種類によって異なるが、子葉の数は5枚から24枚だ。子葉はすぐに、第一葉、第二葉に取って代わられる。いくつかの種、とくにダイオウマツ（学名 *Pinus palustris*）の成長過程におけるこの段階は、植物学者や森林学者には、「グラスステージ（草段階）」として知られる。この段階が数年続いたあとに突然、急成長の時期へ移行する。これとは対照的に、ゆっくりと着実に成長していくタイプの松もある。ただし幼木がよく成長するには日光が必要で、日陰にも耐えられる強い樹種に押しのけられる傾向がある。

松の木の根系《こんけい》は、しばしば菌根とともに発達する。根の表面に付着して白っぽい膜で覆う菌類だ。見かけは悪いが、この菌根は松と共生関係にあり、松から栄養分を摂取すると同時に、松にとっても地中のミネラルが吸収しやすくなるという利点があり、やせた土壌での成長を助けてくれる。[12]

松の若木はすべて、おおざっぱには同じ成長過程をたどる。渦巻き状（実際には非常にきつく巻

ヨーロッパアカマツ（学名 *Pinus sylvestris*）の種子からの発芽

かれたらせん）の側枝《そくし》が、主枝《しゅし》の根元周辺に育つ。松の木は2～3年のあいだに急速に発育し、幹はどんどん上へ伸びて、側枝が横向きに伸び、先がとがった典型的な針葉樹の形になっていく。新たに伸びる新梢《しんしょう》にはふたつの種類があり、一方は、束生《そくせい》［植物の葉・花・茎などが集まり、見かけ上が束のようになっているつき方のこと］する葉を支える短枝《たんし》に育ち、もう一方はもっと大きな枝に育って木全体の成長をうながす。松の木は段階的に成長する。毎年、成長する頂部が分かれて主枝になる新梢と、それを取り巻く脇枝の芽があらわれる。最初はまっすぐ直立しているこれらの新芽はまだ密着状態にある針葉で、白っぽく、わずかにつやがあり、その見かけから「ローソク」とも呼ばれる。この芽は成長方向に平行して伸びる。成長は季節の変化にうながされる。高緯度地方では春が成長の季節だが、熱帯の環境では雨季と乾季の変化が成長をうながす。一年を通して暖かく湿度の高い熱帯の環境に置かれると、時として松の木の「フォックステイル現象」と呼ばれるものが起こる。枝ができないまま、幹だけがどんどん成長する現象だ。[13]

幹は2、3センチ急速に上方に伸びたかと思うと、その後はいったん伸長が止まり、頂部に冬芽《とうが》を形成する。この芽には、花粉錐になる芽と、それを支える短枝になる部分も含まれている。側芽にも新梢または雌錐が含まれることがある。その場合には、この木はそれ以上成長しない。新梢がその年の成長分まで伸びてしまうと、木は次の年まで成長をいったん止める。

種子から育った松は、最初から中心部を強化するための硬い組織を内包している。もともとはデンプン質のセルロース高分子でできている組織だが、14日ほどたつと、もっと複雑なリグニンという木質の組織を形成し始める。この組織ができるのは春の成長期だ。細胞は形成層と呼ばれる部分

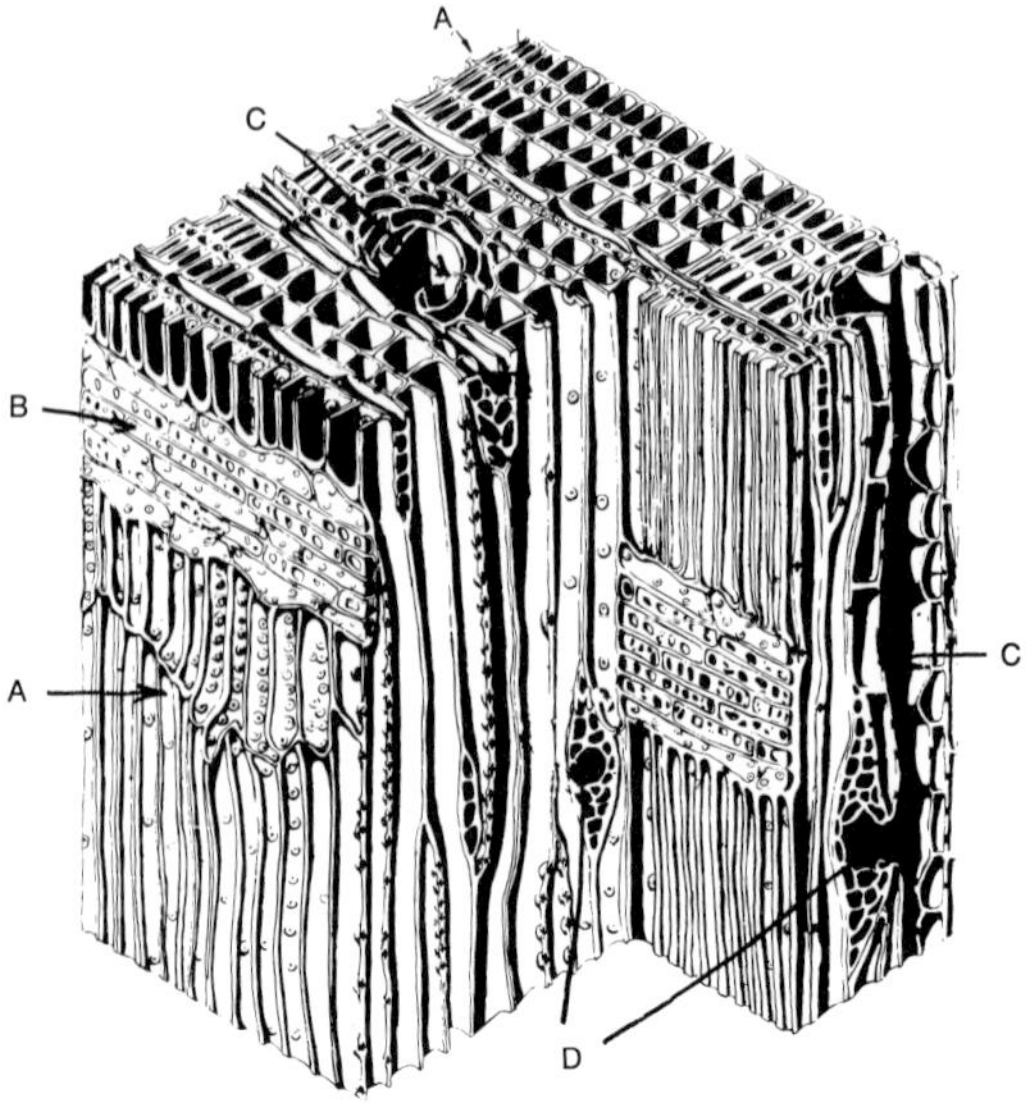

松の木の切断図。C が縦方向の樹脂道で、D が横方向の樹脂道。

で分裂して増える。これは、いちばん小さい根の先端から、いちばん新しい枝の先端まで、木全体を覆う層で、厚さは細胞1個分に相当する。その内側には、根から水分と栄養分を運ぶ木部ができる。木部に沿って端から端まで、仮導管《かどうかん》が走っている。これは、もとは木部細胞だったものからできた細長い水路で、水分を木の上方まで送る。これらが木全体の9割を占める。[14] それぞれの組織の壁には水平方向に連絡する孔があり、水が縦方向だけでなく横方向にも送られる。この樹皮の内側にできる木質部分はまとめて辺材《へんざい》と呼ばれ、通常は黄白色をしている。木が成長すると、辺材の中央はしだいにミネラルが豊かになり、もっと濃い、しばしば赤味を帯びた色に変わり、心材《しんざい》になる。心材には生きた細胞は存在せず、木の中心に辺材よりも腐朽《ふきゅう》への耐性が強い頑強な核を形成する。新しい木質は成長期の初期に形成される。芽の成長によ

ジョージ・イネス「ジョージアの松」（1890年／木板に油彩）。温暖なアメリカのジョージア州で育つ松。松林の静けさと重苦しさが伝わる。

り分泌されるホルモンが形成層の細胞分裂をうながし、内皮《ないひ》と木部両方に新しい細胞が生まれる。成長期初期に生まれる新しい木部の細胞は幅が大きめで色が薄い。生育期後期に生まれる細胞はもっと小さく、木質化が進んで色が濃い。この2種類の細胞の色と大きさの違いが、年輪を形成する。

さらに、松には松脂《まつやに》の通り道（樹脂道）がある。松脂は樹液ではない（樹液は水に栄養分が溶けた溶液のことをいう）。特別な細胞から分泌される松脂には保護効果があり、木のあらゆる部分に――針葉、松かさ、枝、心材、そして、切り倒された、あるいは枯れた木の切り株にも――浸透する。また、成長中の針葉にも、未成熟の球果の表面にも見つかる。幹はとくに松脂が豊富で、縦方向、横方向の樹脂道のまわりに細胞を作る。[15]木が何らかの原因で傷つくと、たとえば、枝が折れたり、木食い虫によって穴があけられたり、樹皮が切りつけられたりすると、樹脂道を縁どる細胞が活性化する。そのため、傷ついた箇所から離れていたとしても、樹脂が勢いよく流れてきて異物を排出し、傷をふさいで保護する。

松脂は、松林にもっともわかりやすい特徴を与える。そのにおいだ。一度かいだら忘れないよい香りなのだが、どういう香りかを表現するのはむずかしい。おそらく、花から作られる香水と比べると深みに欠ける香りだからだろう。つかの間の、すぐに消えてしまう香りでもある。生涯を松の研究に費やした植物学者で化学者のニコラス・ミロフは、松の香りを「原始の香り」と呼び、松の針葉からとれる精油（エッセンシャルオイル）には固定剤が欠けていると説明した。多くの香水に安定性を与える物質のことだ。ミロフによれば、松脂は「3種類の物質からなる。一般にはテレビン油と呼ばれる揮発性油、ロジンと呼ばれる非揮発性の成分、そして、高沸点成分である」[16]。3番目のものは揮発性油の生成を抑制し、長もちさせる働きがある。揮発性油の組成は松の種類によって異なり、それぞれの種に独特の香りを与える。テルペンと総称される化合物が、その香りの源だ。いくつかの種類の松はαピネンとβピネンの単純な結合で、テレビン油独特の香りを放つ。しかし、多くの種は独自の特徴的な化学組成をもつ。ロッキー山脈のコントルタマツはフェランドレンという化合物を含み、草のようなにおいがする。イタリアカサマツの松脂に含まれるリモネンという成分は、柑橘類の香りの成分でもある。ジェフリーマツ（学名 *Pinus jeffreyi*）の松脂にはテルペンがまったく含まれず、ヘプタンによって分解されたさまざまなアルデヒド類で構成される。特徴的な甘い香りがして、スミレ、バニラ、パイナップルなど、さまざまなものの香りにたとえられる。ほかにも、なんとも表現しにくい特徴的な香りをもつ種がある。これが松の木の謎めいた側面のひとつなのだが、松の精油と樹脂になぜ香りがあるのか、その理由はわかっていない。

形成層の外側では表面の細胞が死んで圧縮され、樹皮となって傷や炎から木を守る層になる。幹が太くなるにつれ樹皮の表面に亀裂ができて、多角形の模様をつくる。古木になると幹の下のほうの樹皮は数センチの厚みをもつ。模様は種によってさまざまで、木が若いうちは違いがあまりよくわからない。それでも、樹皮がなめらかか、ざらざらしているかの違いが、植物学者がその木を *Strobus* 亜属に入れるか、*Pinus* 亜属に入れるかを決める手がかりになる。古い木ほど樹皮の模様がはっきりしてくる。

とくに装飾的な美しい模様で目を引くのは、中国に生育するシロマツ（学名 *Pinus bungeana*）だ。中国では「白皮松」の名前で知られ、北部と中央部では尊ばれている。板状にはがれた樹皮の、灰緑色と灰白色の不規則なまだら模様がじつに魅力的だ。スラッシュマツ（学名 *Pinus elliottii*）はシナモン色の樹皮が特徴となる。成長したヨーロッパアカマツは上方の枝の樹皮がオレンジ色になるのが特徴で、ヨーロッパクロマツ（学名 *Pinus nigra*）の「黒」を意味するラテン語の名前は、アカマツと対照的な濃い色の樹皮に由来する。アメリカシロゴヨウ（ホワイトバークパイン）は、その名前が示すとおり、若いうちは灰白色の樹皮をしている。多くの種の松が特徴的な樹皮の模様を発達させる。モンチコラマツ（ウエスタンホワイトパイン、学名 *Pinus monticola*）の樹皮は不規則な市松模様のようなブロックに分かれる。ダイオウマツのオレンジがかった茶色の樹皮は、深く濃い灰色の溝によって小さな板状に分かれる。ポンデローサマツ（学名 *Pinus ponderosa*）は、濃い色の

まだら模様になったシロマツの樹皮

深い溝によって、おおよそ長方形の縦に長い板状に分かれる。モントレーマツには赤茶色の溝と不規則な濃い灰茶色の畝ができる。

個々の木は、最終的には遺伝的性質と環境が許すかぎりの最大限の高さまで伸びきる。これは松の生態のなかでもとくにわかりにくい、変動の激しい要素だ。そのために松を分類するうえでの数々の混乱の大きな原因となり、いまもいくぶんその混乱は続いている。コントルタマツは分布範囲が広いこともあり、とくに変化しやすい種として知られる。「海岸の松」として生育するときには、（ラテン語名 contorta が指し示すとおりの）比較的小さい、ねじれた形の低木のような見かけとなり、アメリカ北西部の太平洋岸では高さが30メートルを超えることはめったにない。対照的に、カナダのユーコン準州からカスケード山脈、アメリカ北西部にかけての内陸部のコントルタマツは典型的な針葉樹のまっすぐな樹形で、高さ50メートルほどにもなる。さらに南の内陸部に目を向けると、オレゴン州のカスケード山脈からシエラネバダ山脈あたりのコントルタマツ――この地域ではしばしばカラマツとも呼ばれる――は、まっすぐ細い幹が高さ40メートルほどまで伸びる。メアリー・カリー・トレシダーはこの松について次のように書き表した。

とても見苦しい木になりがち。枯れた枝が幹の下のほうに巻きつき、樹皮ははがれてぶら下がり、下のほうの枝は地面に向かって悲しそうに垂れている。全体として、その見かけはわびしい印象を与える。[17]

松のなかでもっとも樹高が高くなるのはサトウマツだ。ジョン・ミューアは、「誰にとってもサトウマツとの出会いは忘れられないものとなる」と記している。1826年にサトウマツを発見した植物学者のデヴィッド・ダグラスはこう書いた。

友人たちにもう会えず、直接伝える機会がない場合を考えて、彼らにこのなんとも美しく、巨大な木のことを書き残しておこう。私はいま、これまで目にしてきたなかで最大の木の特徴を記している。風で倒れてしまっているが、地面から90センチほどの高さで測った幹まわりは約17・6メートル。地面からの高さ40メートルの幹まわりは5・2メートル。全長はなんと65メートルほどもある。[18]

サトウマツは大量に伐採されてきた。そのため、ダグラスが出会ったような大木はもう残っていない。それでも、植物学者たちはサトウマツの樹高を40〜60メートル、例外的に高いもので85メートルと計算している。

松の木の丈が最大限まで伸びてしまうと、円錐形の形が崩れて横に広がり始め、樹冠《じゅかん》［樹木の上部の葉が茂っている部分］の葉が少なくなり、卵型や丸い形になる。低い位置の枝が落ちて、一般的な樹形が失われる。古代ローマの小プリニウスは、紀元79年のヴェスヴィオ山の大噴火で吹き上がった火山灰の雲を見て、松の木のようだと表現した。「空高く立ち上り、非常に長い幹に見えるものが伸び、上のほうで枝のように広がっている[19]」。彼が思い浮かべていたのは、枝が多く、樹冠

風に吹かれてねじ曲がったブリストルコーンパインの枯れ木（*Balforianae* 種）

が広がった、典型的な松の成木の姿で、とくにイタリアカサマツに見られる傘のような樹冠をもつ松だ。輪郭だけ見ると、アメリカ南西部に生育するサビンマツは樫の木に少し似ているが、葉と球果がはっきり異なる。サトウマツは下のほうの枝が落ちて、幹が露出した樹高が高い木になり、その姿と気高さは博物学者の想像力をつねに刺激してきた。

仲間の種に見られる従来の尖塔《せんとう》のような形を完全に無視したかのように、サトウマツは巨大な幹から水平に、数本の太い、不規則な形の枝を長く伸ばしている。[20]

アブラマツのラテン語名（tabuliformis）は、成熟した木の樹冠のてっぺんが平らになった形を表す。日本のクロマツの風にあおられたような不規則な枝ぶりは、とても絵になる。中国では、複雑にねじれた松の形は、古くから忍耐力や長寿と結びつけられてきた。中国の見ごたえのある風景の多くは松が主役になり、とくに険しい山の景色に松はつきものだ。西洋文化においても、アメリカ南西部のブリストルコーンパインの老木などは、年月の経過によりねじれが生じており、風雨にさらされ色もくすんだ幹の上方に、かろうじてまだ生きた濃い色の枝が数本ついている姿が、近年になって忍耐力の象徴ととらえられるようになった。

灌木になる松は数少ないが、アルプス山脈やカルパティア山脈のモンタナマツ（学名 *Pinus mugo*）は、樹高が低く、多くの枝が横に広がった樹形となる。ほかにも、アメリカ東部沿岸地方のやせた土地に育つバージニアマツ（学名 *Pinus virginiana*）などは、遺伝的性質だけでなく、環境によって発育が阻害されることにより、部分的に灌木を形成する。また、ハイマツ（這松）はシベリアのツンドラ地方で地面を這うような低い樹形で生育し、厳寒の冬に耐える。アメリカシロゴヨウはアメリカ南西部のシエラネバダ山脈に、高木限界《こうぼくげんかい》［高木の生育が不可能となる限界線］を形成する。「低木や樹木というよりカーペットのようで、〔中略〕雪の重みで押さえつけられ、冬の容赦ない強風のために、枝が刈り取られ輪郭がなめらかになる」[21]。山中のひどく曲がった松を表現するときに、ドイツ語の krummholz という語が使われることがある（krum は「曲がった」、holz は「木材」の意）。厳しい環境にさらされると発育が阻害され、形がゆがんでいく。

針葉樹林では山火事は自然現象のひとつで、松の木のライフサイクルの欠かせない要素である。火事は個々の木の多くを死なせてしまうが、全体としては自然の再生と繁栄をうながす。樹木もそれに適応し、動的平衡［絶え間なく動いて更新を繰り返すことで、ある一定の状態を維持しようとすること］を達成する。発芽したばかりの松の幼木はそのままではマツ科以外の樹木に日光をさえぎられ、

松の生木に含まれる樹脂が山火事で爆発し、高さ数百メートルまで炎を吹き上げた。

生育地から追われてしまうかもしれないが、山火事があることで、その森林の支配的な種として成長できる。軽度の野火は地面を這うように燃え広がり、草や低木を焼くものの、樹木には比較的小さなダメージしか与えない。ただし風で広がる大きな山火事は強烈な熱を放って成木の樹冠をなめつくし、火の通り道にあるすべてのものを焼き払い、通常は殺してしまう。樹脂を豊富に含む松の木はもともと火がつきやすい。日照りには強く、熱帯の気候や、ときおり嵐が起こる暑くて乾燥した時期でも育つことが多い。人類が火をおこす方法を見つけるまで、松の森で発生する山火事は、雷が落ちるなどの自然現象によって引き起こされたはずだ。人間が偶然に、あるいは何かの理由で、森林火災が起こる頻度を激増させてきたのだろう。

松は進化の過程で火に抵抗する仕組みを備えてきた。まだ若いダイオウマツの「グラスステージ（草段階）」は、発芽からまもない時期にしばしば起こる野火に対する防御手段だ。密集して房状になった葉は、数年のあいだ幼木を守る。地中では強い根系が急速に育ち、地表にある葉の房が焼け落ちてしまったときのための食料貯蔵庫のような働きをする。根が十分に育つと、その木は傷つきやすい生育段階を早く終わらせるために成長を加速させ、軽度の野火に十分抵抗できる大きさになる。リギダマツ（学名 *Pinus rigida*）とバージニアマツは、マツ科のなかでもめずらしい方法で火に抵抗する。燃えてしまった木に再び枝を成長させるのだ。レジノーサマツ（学名 *Pinus resinosa*）には興味深い特徴がある。おそらくこれも火への抵抗と関係したものだろうが、この種の松の根は密集した束になって、周囲の別の木の根と絡み合う。もし個々の木が切り倒されても、残った切り株は周囲の木から根を通して水分と栄養分を得て、生き残ることができる。

別の方法で抵抗する種もある。成木が滅んでも若い木がそれに取って代わるという方法だ。晩生球果と呼ばれる松かさをもつ木は、樹脂で松かさがしっかり閉じていて、樹冠まで燃えるような山火事の強烈な熱で樹脂が溶けるまで開かない。個々の木は火事で焼けてしまうが、灰という肥料を豊富に蓄えた土地に種子がまき散らされ、再び新たな松のライフサイクルが始まる。この現象がもっとも極端な形で起こるのがノブコーンパインだ。この松は、発芽からまだ数年の若木のうちに松かさをつけるが、火事の熱で温められてかさが開くまで、何世代にもわたって木の上にとどまる。ビショップマツ、モントレーマツ、コントルタマツも、こうした「山火事に依存する」種だ。また、

ノブコーンパイン（学名 *Pinus attenuata*）の枝にかたまってつく先のとがった松かさ。

コントルタマツ、モントレーマツ、バンクスマツなどいくつかの種類の松は、低い位置にある枯れ枝をそのまま残しておき、山火事が起こったときの燃料にする。そのため、樹冠まで燃え広がる大規模な山火事が起きると一掃されてしまう。結果として、火事のあとに再生する同世代の木ばかりの樹林群となることが多い。[22]

動物や人間にとっては、炎に包まれるのは恐怖と不安の物語でしかない。ニュージャージー州の「パイン・バレンズ（松の荒れ地）」（広大なやせた土壌で、松と丈の低い草木やいくらかの灌木しか生息できない土地）について書いたジョン・マクフィーは、森林火災はＶ字型に森のなかを炎が燃え広がっていくのが典型的だ、と書いている。Ｖの字のとがった部分は火災の最前線を示し、両側に広がっていく炎を率いる。炎になめつくされる土地の幅は、３メートルのこともあれば数百メートルのこともある。側面に進んだ炎が突然燃料とエネルギーを得て、それ自体が最前線の炎になるかもしれない。進む方向も、激しさも、広がりも予想できない森林火災は恐ろしい。唯一の安全な場所は、すでに焼けてしまった地面だ。炎はすさまじい速さで移動し、生命と財産を脅かす。当然ながら、自然発生する予測できないタイプの森林火災は、樹木で生計を立てている林業従事者にとっても、仕事のため、あるいは自然を愛するという理由から森のなかに家を建てて住んでいる人たちにとっても、ありがたくない現象だ。カナダ人の作家で博物学者のクリス・チャイコフスキは、ブリティッシュ・コロンビア州の人里離れたチルコティン高原の自宅に森林火災が迫ったときのことを、臨場感たっぷりに表現した。

山火事により針葉と枝が落ちた松の幹は、雪の積もったイエローストーンの風景を縫い合わせる糸のように見える。

後ろから巨大な黒い煙の壁が迫ってきた。壁は私たちに覆いかぶさるようにそそり立ち、その先端は山小屋をのみ込もうとしている。〔中略〕もっとも不安にさせるのは、煙の壁の下に見えるあざやかなオレンジ色だ。〔中略〕聞いていたより大きな火災だ。あるいはすぐ近くまで迫っているということか。北側の山の稜線全体がオレンジ色に染まっている。湖の水面は〔中略〕オレンジ色がかった茶褐色となり、木々の緑は煙でくすんで見える。白い灰が降り始めてきた。[24]

人間社会は、ときには山火事を利用して松林に特別な環境を創生することを学んだ。北アメリカ東部では先住民の部族が火災をうまく「操り」、定期的に森のなかの下生えを燃やしていた。1年に2回これを行なうこともあり、森のなかの草や地面に落ちた枝葉を燃やし、シカやヘラジカなど獲物となる動物が食料にする草類の繁殖をうながす生育環境をつくり出した。自分たちの狩りが楽になるような環境にしたのだ。定期的にたびたび起こる山火事は余計な草木を取り除く程度で、火の勢いは弱い。ノースカロライナ州のダイオウマツの森など、火災を長期的に管理することで開けた場所に成木の群生を形成できた地域もある。ヨーロッパから北アメリカに渡った初期の入植者たちは先住民の火災の扱いにしたがったが、後続の移民たちは自然環境を動的に管理するという考えをもち合わさず、森林火災は「力ずくで鎮静すべきもの」に変わった。[25]

火災が起こらないと、松は他の樹木が育たない土地に移って新たな生育場所にする傾向がある。コロラド州のグレートベースンの岩がちでやせた土壌、キューバやバルカン半島の蛇紋岩《じゃもんがん》の土壌、フランス南西部のレ・ランド地方の砂丘などがその例だ。適応能力と生存能力が高い松は、条件の悪いさまざまな環境でもしばしば繁茂する。「松は〔中略〕寒く、高く、岩がちの土地にも根を下ろす」。イギリスの作家で造園家のジョン・イーヴリン（1620～1706年）は、『シルバ（または森林論）*Sylva, or a Discourse of Forest Trees*』（1664年）のなかでそう書いている。[26]「一般的には、松とモミの生育に適しているのは花崗岩質の土壌と思われる。また、これらの樹木が十分に繁茂するには下層土の水はけがよいことが条件だ」というのが、ジョン・クラウディス・ラウドン（1783～1843年）の意見だった。もっともラウドンは、「水を含みすぎる土壌でなければどこでも成長するだろう」とも認めている。[27]大衆文学では、松は北国の、寒風吹きすさぶ、岩だらけの山にある木として描かれがちだが、肥沃で穏やかな気候の土地でも豊かに育つ。松にとっての問題は、成長の速い他の植物によって追いやられてしまうことだ。

中国・安徽省にある黄山（こうざん）の花崗岩の絶壁を飾る松。中国人は何世紀も前からこの風景をあがめ、描いてきた。

南半球に自生する松は、赤道から緯度でわずか2度南に位置する、スマトラ島のバリサン山脈に見つかるメルクシマツ（学名 *Pinus merkusii*）の群生だけだ。これに対し、北半球では低緯度地域でも驚くほど多くの種類の松が生育する。メルクシマツとカリビアマツ（学名 *Pinus caribaea*）――カリビアマツはバハマ諸島やタークス・カイコス諸島などの海抜が低い平地に育つ――は、どちらも基本的には熱帯の種だが、東南アジア、中央アメリカ、カリブ海地方に育つ、亜熱帯種に分類される種もある。キューバではネッタイマツ（学名 *Pinus tropicalis*）がピナル・デル・リオ州の草原や木立に育っている。このあたりの木には、雨季と乾季の変化が薄い色と濃い色の年輪となってあらわれる。エスパニューラマツ（学名 *Pinus occidentalis*）はハイチの森林を形成する。東南アジアの亜熱帯種には、ベトナムのダラットマツ（学名 *Pinus dalatensis*）や、台湾や中国南部のニイタカアカマツ（学名 *Pinus taiwanensis*）などがある。ただし松は熱帯の湿度の高い環境を嫌う。育ちはするが繁殖まではしない。とはいえ、そうした熱帯の環境や、ほぼ氷に閉ざされた北極圏の荒野や乾いた砂漠を別にすれば、松は北半球の広範な地域に分布する。

新たな環境に適応しやすい松の性質は、山火事や強風などの自然現象によって開けた土地や、人間が切り開いたがその後見捨てられた土地に根を張ることにも見てとれる（テーダマツの通称「old field pine 古い田畑の松」は、その侵略的な傾向に由来する）。そうした場所に種がまかれると、競合する樹木を上まわる勢いでみるみる成長し、優勢的な種となる。ただし、これは弱みにもなる。なぜなら日光を必要とする幼木が成木の陰になってしまうからだ。ストローブマツ（学名 *Pinus strobus*）は新たに開けた土地に根を張り、ともに生育する広葉樹より長く生き残る。しかしストローブマツのあとを継ぐのは、日陰に耐えられる種だ。ストローブマツは成長して森を見下ろすようにそびえるものの、自らの種子は光を奪われ、発芽することはない。

逆境に強く適応力の高い松が見つかるのは、高所と高緯度だ。松は寒さと乾燥への耐性が強く、山岳地帯では高木限界線まで、あるいは北極圏に近いところまで分布する。そこでは単一種の森を形成するか、トウヒやカラマツのような他の針葉樹や、カバノキのような落葉樹とともに生育する。生命力の強さがよくわかる極端な例は、グレートベースン・ブリストルコーンパイン（学名 *Pinus longaeva*）とその近縁種であるロッキーマウンテン・ブリストルコーンパイン（イガゴヨウ）、そして、フォックステイルパインだろう。これらの種は酸素濃度が薄く乾燥した、アメリカ南西部の高地の岩だらけの土壌でも数千年生き続ける。地球上最古の生きた植物といわれるのも松の木で、「メトシェラ」と名づけられたグレートベースン・ブリスコルコーンパインだ（969歳まで生きたとされる旧約聖書の登場人物メトシェラにちなむ）［2013年にこれよりさらに樹齢の長いブリストルコーンパインが、近くで見つかったと発表された］。樹齢4500年を超えるこの木――正確な場所はほんの少数の植物学者と森林学者にしか知られていない――は、西暦紀元の頃にはすでに人々の崇敬の対象だった。対照的に、モントレーマツは一般に100年ほどしか生きられない。[28]

種の存続は、ときには地理的条件と幸運に左右される。モントレーマツの自然の生育範囲は極端にせまく、カリフォルニア州の海岸地域と、そのすぐ沖にある3つの島に限定される。これより北と東はこの木が冬を生き延びるには寒すぎ、南は乾燥しすぎているため、自然の境界線ができている。またこの地域は海霧《うみぎり》が生じやすく、それで湿度が保たれる。「海洋上の特異な気象と海岸線の

ミルドレッド・ブライアント・ブルックス「モントレーの松」(1935年／銅版画)

地形が局地的な海霧を発生させ、あくまでも偶然の結果としてこの種を救ってきた〔中略〕と考えてよさそうだ」というのが、この乾燥地域でモントレーマツが生き残ることのできた理由なのだ。[29]

松の研究者は、その地域の植物相に松が顕著に見られ、特定の樹木や低木と共生している土地を自然の「松領域」とみなす。境界線は地質、地形、気候によって決まる。北アメリカ大陸の松領域は東西の海岸線に走る。カナダとアメリカの東部では松領域は広範な地域を占め、大西洋岸地域の内陸部から、五大湖地方とミシシッピ川周辺の平原地帯に広がり、経済的価値のある森を形成する。生育する松の種類は気候と土壌の変化に応じて徐々に変化し、もっとも北に生育するのはバンクスマツで、南へ下るにつれ、ストローブマツ、レジノーサマツ、リギダマツ、バージニアマツ、ダイオウマツ、テーダマツ、エキナタマツ、スラッシュマツへと移り変わっていく。「パイン・バレンズ（松の荒れ地）」は、ニュージャージー州、バージニア州、ノースカロライナ州のやせた土地の特徴だ。

フレデリック・E・チャーチ「雲上から眺める日の出」(1849年/キャンバスに油彩)。北アメリカの松林をロマンチックに描いた超写実主義の作品。大西洋横断の木材貿易のため、森林の伐採に励む製材会社の活動とは、まったく無縁の別世界に見える。

西海岸では海岸線と並行して南北に山脈が走り、海抜ゼロから約350メートルまでの生育環境を提供する。ここではさまざまな種類の松が複雑なモザイク状に混在し、おおざっぱには北から南へ帯状に分布する。ある種が南へ分布を広げると、寒さに耐えられる種が高所に退く。南に広がろうとする種は、最終的にはこれ以上暖かかったり乾燥しすぎては生育できない限界の地まで行き着く。カナダの北方林ではコントルタマツが幅をきかせている。南へ下ると、ポンデローサマツやサトウマツなど、松の種類が増え、世界でもとくに豊かな針葉樹の植物相が見つかる。内陸に向かうと、ネバダ州とその隣接州の乾燥した半砂漠地帯がブリストルコーンとピニオンマツの生息地になる。これらの松領域は、コントルタマツとサトウマツが共生するカナダ北部を除いて重なり合うことはない。

松の植物相から見た東西の地域区分は、中央

石濤「黄山の風景」(1670年/水墨画の画集の一枚)。仏僧で画家の石濤の作品には松がよく描かれる。彼は黄山の風景に深く感銘を受けていた。

アメリカまで続く。西側の松領域はシエラ・マドレ・オクシデンタルの山々まで延びる。東側の松領域は、アメリカ南部とメキシコの湾岸を縁どるようにして、中央アメリカといくつかのカリブ諸島の島を覆う。これらのふたつの南部の松領域は、シエラ・マドレ・オクシデンタルとシエラ・マドレ・オリエンタルというふたつの山脈がぶつかるメキシコ南部とグアテマラでは、多様な種の混成林と重なり合う。

大西洋の東の大陸の松領域はまったく異なる分布を示す。北アメリカの松の植物相の豊かさと多様性とは対照的に、アルプス山脈以北のヨーロッパは松が乏しく、重要なヨーロッパ原産の松はヨーロッパアカマツだけだ。ただしこの松の生育範囲は非常に広い。松のなかでは最大で、西はスコットランドから東はロシアの太平洋岸にまでいたる。ウラル山脈の東になると、別の2種類の松が広大な地域を支配する。ハイマツとシベリアマツだ。アジアの極東地域ではチョウセンゴヨウがいくつかの国の国境をまたいで自生している。

中国と東南アジアは松の種類が豊富だが、文化と言語の障壁のため、欧米の植物学者がアジアの松を研究するのはむずかしい。中国の複雑な地理的条件（山脈、砂漠、沖積平野が断続的に続く地形）と、大陸性寒冷気候から亜熱帯までの幅広い気候帯もまた、この地域の松の分布の研究を困難にしている。中国には22種類ほどの松がある。シロマツなどいくつかの種は見かけが美しく園芸用にもなり、比較的めずらしい。東南アジアに行くと、松研究の障壁は中国にも増して厳しくなる。ケシアマツ（学名 *Pinus kesiya*）やクレンプマツ（Krempf's pine）のような亜熱帯種の詳細と分布は正確に知るのがむずかしそうだ。中国と東南アジアの松は専門家の興味を大いにそそる。なぜなら、おそらくこの地域では新しい種が進化しているからだ。日本にはよく知られた松が6種類ある。代表的な種はクロマツとアカマツで、どちらも観賞用の樹木として高く評価されている。ヒマラヤ山脈は、山と松の連想からすれば、おそらく驚きの事実だが、生育する松の種類は少ない。それでも、チルゴザマツ（学名 *Pinus geradiana*）、ヒマラヤマツ、ヒマラヤゴヨウ（学名 *Pinus wallichiana*）など、重要な種がある。

地中海沿岸はもうひとつの松領域を形成する。ここでは、人間と自然とのかかわりの長い歴史のために松の自然の生育範囲があいまいになってきたが、この地域の緑化と風景に欠かせない要素として重要な役割を果たしている。[30] 原産の松の種類は12ほどで、地域をどう定義するか、正確にどの木を松として認めるかによって変わる。カナリアマツ（学名 *Pinus canariensis*）もその一種とみなさ

イヴァン・シーシキン「松林の朝」（1889年／キャンバスに油彩）

れる。イベリア半島と地中海東岸地方はイタリアカサマツの原産地、地中海西岸地方はフランスカイガンショウ（学名 *Pinus pinaster*）の原産地とされてきた。この地域にもっとも広く分布する種はアレッポマツ（学名 *Pinus halepensis*）で、北アフリカに唯一広く分布している松だ。この種は東と西のふたつの遺伝群に分かれる。これらの分布の仕方が過去と現在にどう関係しているかについては議論の対象だ。[31] ヨーロッパクロマツなど他の種は山との結びつきが強く、ときおりさらに細かく分類されてきた。たとえば、コルシカマツは過去には *Pinus laricio* という別の種とみなされていた。土地の開拓と放棄、火災、木材やピッチ［松脂を蒸溜したときに得られる成分のひとつ。防水などさまざまな用途に使われてきた］のための人工的な植林が、この地域の松の複雑な歴史にそれぞれの役割を果たしてきた。

　北半球における松の分布は、何百万年にもおよぶ進化の過程から生まれたものだ。松の化石は断片的なものしか残っていないが、マツ科の樹木の起源はジュラ紀後期（約1億5000万年前）にさかのぼる。[32] はっきりとわかる松の化石でもっとも古いのは白亜紀初期（約1億3000万年前）のもので、ベルギーで見つかった最初期の化石は Pinus belgica と呼ばれている。ベルギーから見て地球の反対、ボルネオも松の化石の宝庫だ。

松の分布の変遷を現在の地理にあてはめて語っても、役には立たない。なぜなら、何十億年ものあいだに陸塊が移動してきたからだ。だが大まかなパターンを見出すことはできる。松の種類が明確に北部に属するものと、亜熱帯から熱帯地域に属するものに大きく分かれたのは、おそらく第三紀初期の、地球の気候が現在よりかなり暖かく湿度が高かった時代からだろう。この時代に、松の木の分布が現在の温暖地帯の緯度から（より涼しい）北部地域に、あるいは熱帯地域ならより高地へと移り、気候が涼しくなったときに再びもとの地域に戻ってきたものの、亜熱帯から熱帯地域の松と温帯地域の松を区別する、現在まで続く伝統を築いたように思われる。[33]

北アメリカの中央部を南北に走る大草原地帯に松が存在しないのは、白亜紀後期に浅い海が南北に延び、その東と西に生まれた松の植生がまったく異なったからかもしれない。ユーラシア大陸でも、はるか昔にテティス海という海が存在し、まだ形成が始まったばかりの山脈（現在のヒマラヤ山脈）の端から現在の北アフリカの海岸のどこかまで広がっていた。そのために、この海の北側の海岸に、地理的な分布は分かれているものの、同族といえるカナリアマツとヒマラヤマツ（インド北部原産）が自生した。[34] 完新世の氷河期の気候変動に影響された松の移動が、おそらくマレー半島からスマトラ島、さらにはフィリピンにいたる松の分布パターンを生み出した。寒冷化が進んで氷

現在のスコットランド、ロザーマーチャスに生育するヨーロッパアカマツ（学名 *Pinus sylvestris*）。再生された松とカバノキとジュニパーの森があまりに自然に見えるため、19世紀初期に起こった大々的な伐採の名残はほとんど見つからない。

河が迫ってくると松は南へと移動し、気候が温暖化すると再び北へと戻り、ルソン島の北部山岳地方の新たな土地に根を下ろした。

北ヨーロッパに松の植生が乏しいのも、氷河期にその原因がある。かつてアルプスの北の広大な地域に松が生育していたことはいくつかの化石から証明されているが、松は氷河によって南に押しやられ、やがてアルプスとその東に延びる山脈という大きな壁にぶつかった。寒さに耐えられるヨーロッパアカマツだけが、おそらくはどこかに退避地（樹木が生き残り繁殖するのに十分な局地的に温暖な小地域）を見つけ、この試練を生き残った。およそ1万年前に氷河が後退すると、松は再び北へ分布を広げた。[35] 乾燥と寒さは、ユーラシア大陸東部に生育する松の種類が少ない原因にもなった

メアリー・アン・ターナーによるアダム・ペイナッケル「ロッキーの風景」の模写（1835年頃、版画）。

だろう。
北アメリカ大陸は、東側には平地と断続的な山脈、西側には南北方向に高山が連なり、寒冷化とその後の温暖化の際に、松は北または南に大きく移動した。西側の山脈は、８０００万年前に始まり現在も続いている地殻変動によって形成されたものだ。これにより、緯度と経度によって異なるさまざまな生態系が出現した。メキシコで見つかった松の化石は断片的なものしかない。おそらく、この地域は昔もいまも火山活動が活発だからだろう。それが松の生態に非常に興味深い、だがやっかいな側面をいくつか加えた。メキシコの松は非常に変化しやすく、植物学者はいつも分類に苦労している。

ヨーロッパ人とメキシコ人の接触は、コロンブスの北アメリカ大陸発見に引き続くコンキスタドール（征服者）たちの到来から始まった。彼らは「ニュースペイン」の奥地は面倒な土地だと気づいた。「われわれはソコチナから高い山の峠をひとつ越え、テクストラにたどり着いた」と、征服者のひとり、ベルナル・ディアスが１５１９年に書いている。

> そして、起伏の激しい荒れた山中に入った。〔中略〕最初の夜はひどい寒さだった。〔中略〕身を切るほど冷たい風が雪に覆われた山から吹きつけてくる。われわれは再び寒さに身を震わせた。そうなるのも当然だ。なにせ、熱帯のキューバのベラクルスとその近くの海岸から、突然この極寒の国へとやってきたのだから。[36]

彼らスペイン人が気づいたように、険しい山々はメキシコ南部の特徴的な風景だ。これは地質学的にはまだ新しい、現在も続く火山活動の産物である。メキシコ湾側のシエラ・マドレ・オリエンタル〔山脈〕と太平洋側のシエラ・マドレ・オクシデンタル〔同〕がぶつかる地域では、尾根と谷とさまざまな微気候が複雑に交錯する。そこで、松の豊かな遺伝的形質が育まれた。スペイン人は気づかなかったが、彼らが尾根伝いに移動した地域はのちに、豊かな松の植生のために「森林学者、植物学者、分類学者、遺伝学者のための天然の森林遺伝学研究所であり〔中略〕きわめて優れた、限りなく貴重な自然の実験室」と呼ばれるようになった。[37]

植物学界は、19世紀半ばになるまでメキシコの松の植生に大きな関心をもたなかった。「1857年、メキシコシティのB・レーツル社から出版された『メキシコの針葉樹一覧』には、マツ科の82の新種が掲載されていた」と、アメリカの建築家で松の生態に魅了されたジョージ・ラッセル・ショー（1848～1937年）が書いている。[38]ベネディクト・レーツル（1823～1885年）は庭師の息子としてチェコスロバキアで生まれた。彼はメキシコで新奇な植物を採集してはヨーロッパの園芸家に送っていたが、新種と思われた82種の松についても書き記した。このうちのった1種が「偶然見つけた掘り出し物」となり、植物学者のあいだではいまもローソンマツ（学名*Pinus lawsoni*）として受け入れられている。[39]レーツルの目録は、メキシコの松についての見解に数十年ものあいだ混乱をもたらした。仕事熱心ではあるが、のちの植物学者たちが解き明かした現象を間違いなく知らなかったレーツルは――

意図せずして〔中略〕非常に重要な発見をした。メキシコの高地にマツ属の進化と種形成の第2の中心地を見つけたのだ。そのため、メキシコと中央アメリカの松の、つきることのない、まったくもって混乱させる変性種が次々と見つかった。[40]

ショーは自著の『メキシコの松』にこう書いた。

植物標本室に保存されているメキシコの松の標本をざっと調べてみると、多くの種の存在が示唆される。メキシコの経度と気候の幅広さからも、同様の結論に導かれる。しかし、生きている樹木のあいだを歩くたびに、このさまざまな形態の違いは種の多さを表すのではなく、新しい種のいくつかの変性なのではないかという疑いが増してきた。[41]

メキシコの松に関する20世紀の研究論文の多くは、スペイン語を話さない者には理解できない。大部分はマキシモ・マルティネス（1888～1964年）とイエージー・ルゼドウスキ（1926年～）による研究で、ふたりそれぞれの名前にちなんだ松がある。メキシコとグアテマラの断続的に連なる山脈は、標高、雨量、気温が急激に変化する地域を生じさせる。そこは、植物学者のジェシー・P・ペリーがいうところの「無数の微気候」が交錯する土地だ。[42]これらの国の松林では、いくつかの種が比較的近い距離に混生している。地形と気候と植生による「これらの松の進化は、100万年前に起こっただけではない。いまも毎年、進化が起こっている[43]」のである。自

メキシコシロマツ（学名 *Pinus ayacahuite*）の未成熟の松かさから滴り落ちる樹脂

然環境で異種間の交配がなされるため、メキシコの松は間違いなく、これからも環境に適応して進化を続けていく。しかしこの地域は人口の増加に圧迫され、燃料や建材、松の実の需要のための伐採と、環境全般の悪化に脅かされている。人口増加が進む貧しい国にとって、これほど役立つ樹木の価値を考えれば、その遺伝的多様性を守ることはさして重要ではないのだ。

第2章　松の木の神話と現実

古代ギリシアでは、松は「ピテュス Pitys」と呼ばれた。これはある美しいニンフ（妖精）の名前でもあった。このニンフの物語の簡略版は、森と牧羊の神、パンに追いかけられた彼女がなんとか逃れようと切羽詰まって松の木に姿を変えた、とだけ伝える。別のバージョンは、ピテュスがパンとボレアス（北風の神）に同時に愛され、三角関係に陥った話を伝える。ボレアスは荒々しい性格で、「私には力こそふさわしい。力によって〔中略〕節だらけの樫の木を倒し、雪をかため、雹《ひょう》を地面にたたきつける」と息巻く。[1] ピテュスはパンを選んだため、怒ったボレアスに断崖から吹き飛ばされた。それを哀れんだ大地の神またはパン（さまざまな説がある）が彼女を松の木に変え、彼女の涙が樹脂となり、松の木はいまも傷口から涙を滴らせているという。ピテュスの神話が伝えるのは、松の木についての詩的な真実だ。ヨーロッパ人の心のなかで、松は北方の森、辛抱強さ、形を変えながら生き残る姿を連想させる。おまけにこの神話は、松や他の針葉樹が分泌する樹脂の性質まで加えている。

松に変わったピテュスを発見したパン。1550年代のイタリアの寓意画集より。

神の化身についての別の神話では、オレイアデスという山のニンフたちが故郷の松の木とともに生まれ、ともに死んでいった。また、オイカリヤの娘たちは、王女ドリオペが自分もニンフの仲間に加わろうと旅立ったとき、王女はさらわれたといううわさを広めた。ニンフたちは怒って娘たちを松の木に変えた。[2]

遠い過去にヨーロッパ人が松の木をどう見ていたかがわかる証拠として、ほかに何があるだろう？

地中海世界の語彙には、松の木全般とニンフを意味する pitys のほかに、peuke という語もあった。こちらも松を言い表した言葉で、[3] 現代ギリシア語で松を意味する言葉となり、ほかにトウヒが属する *Picea* の属名のもとにもなった。松の木を表すラテン語の pinus はマツ属の属名として使われている。pitys や pinus の「pi」の音と音節は、インド・ヨーロッパ語族の語基からきたもので、ピッチを意味するラテン語の pix や、ヒマラヤスギを意味するサンスクリット語 pitudaru の第1音節、さらには、ビチューメン（アスファルトのこと。元来はピッチを意味した）に関連した、いまでは使われていない古英語の pissasphalt にも見つかる（この語の定義はオックスフォード英語辞典を参照した）。pi の要素は明らかに特定の樹木と、それと関係のある古代から広く知られてきた物質と結びつく。「ピッチ pitch」と語源が同じ類語は、中世から近代にかけてのヨーロッパ言語にたくさん見つかる。

ラテン語の pinus は、いくつかのヨーロッパ南部の言語で、松を意味する語のもとになった。フランス語の pin、イタリア語の pignola、スペイン語の piño などだ。古英語の松は pin で、ノルマンによる征服後にフランス人によって使用を強制された。綴りはさまざまで、pin や pyn が混用されていたが、15世紀か16世紀に pine に落ち着き、それ以来、英語では一般にこの綴りが使われ続けている。すべての常緑針葉樹に対して pine が使われたことも多く、本物の松とはかなりの遠縁でしかない樹木も含んだ。さらに混乱を招く原因となったのが、球果をつけるが針葉樹ではないハンノキなどにも使われたことだ。[4]

植民地時代には、南半球にやってきた英語圏の入植者たちが、円錐に近い樹形をした常緑の傾向をもつ現地の樹木の多くを指して「pine」の語を使った。ノーフォークマツ（学名 *Araucaria heterophylla*）、チリマツ（またはモンキー・パズル・ツリー。学名 *Araucaria araucana*）、ヒューオンパイン（学名 *Lagarostrobos franklinii*）、セロリパイン（学名 *Phyllocladus* 属）は、そうした名前をもつ植物のほんの一部だ。このような日常的な呼び名のつけ方は現在においても変わらず、１９９４年にオーストラリアのニューサウスウェールズ州で新顔の木が発見されたときには、ウォレマイパイン（学名 *Wollemia nobilis*）と呼ばれるようになったが、これらの木のどれひとつとしてマツ属には属していない。

他国による探検と植民地化は、言語にもその足跡を残した。フランス系カナダ人は松の木を un pin と呼んだ。メキシコとそれに隣接するアメリカ南西部にやってきたスペイン人は piño という語を残し、それがアメリカ英語独自の pinyon に変化した。植民地時代の pin と piño の遺産は、松以外の針葉樹の名前として南半球にいまも残る。

誤った認識の最たる事例が起こったのは１４９３年のことだ。コロンブスの探検隊は、グアドループ島ではじめて見る果物に遭遇した。ざっくりいえば大きな円錐形をした果物で、表面には六角

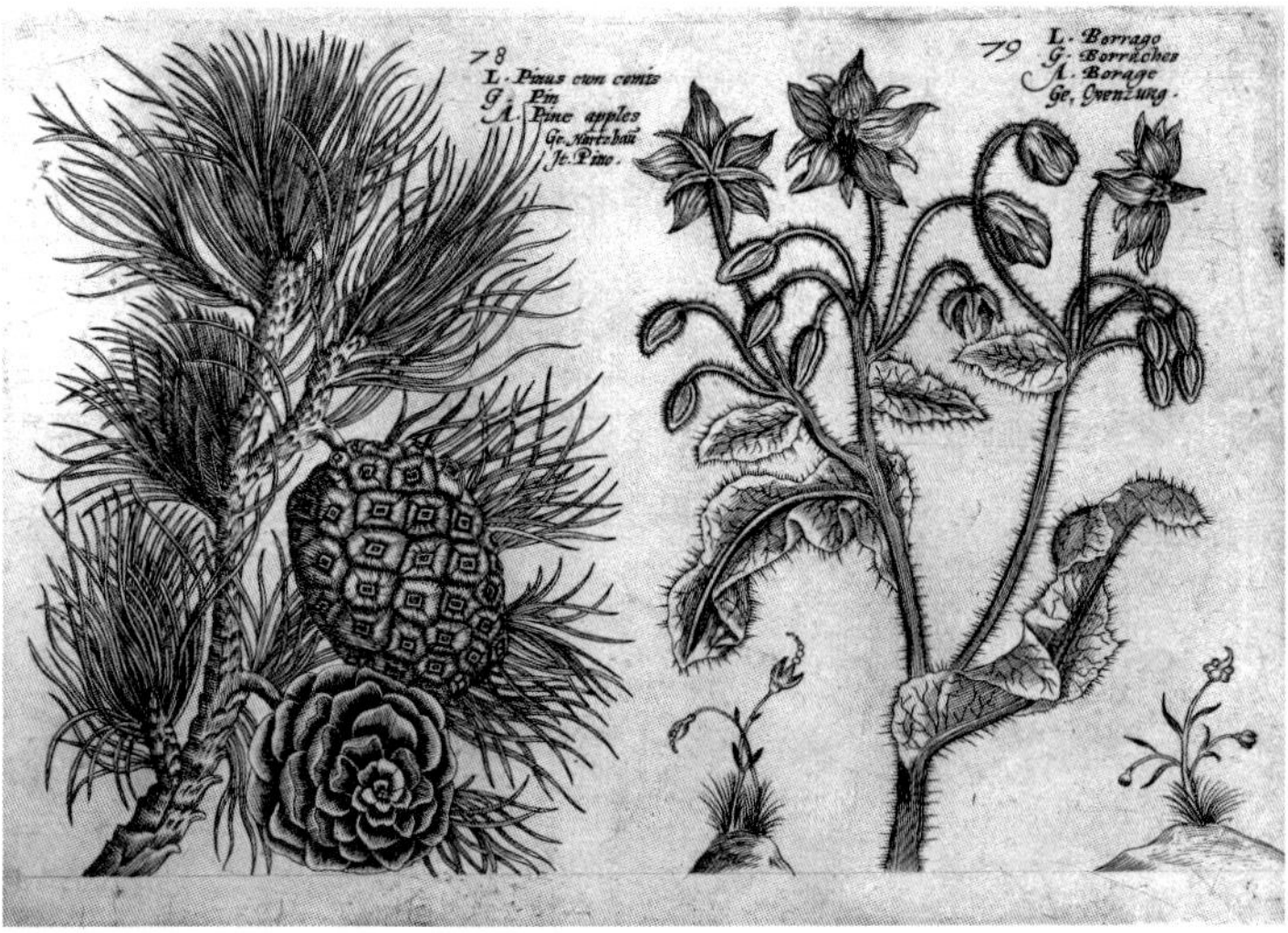

ジャック・ル・モインの「松かさ」（1593〜1603頃、エッチング）をクリスペイン・デ・パッセ（父）が版画にした作品。松かさは、さまざまなヨーロッパ言語で、「松のアップル（パイナップル）」と呼ばれた。この枝にはかさを開いた松かさと、本物のパイナップルのように見える閉じた状態の松かさが描いてある。初期の探検家たちの混乱が絵にも表れている。

形の鱗《うろこ》のような模様がらせん状に並んでいた。それぞれの鱗の中央に紙のような質感のとげがある。探検隊の隊員たちがもっていた知識で唯一結びつけられたのは、松かさだった。そこで、彼らはこの果物をpiñaと呼び、ヨーロッパへ持ち帰って国王に贈呈した。他のほとんどのヨーロッパ言語では、この食べ物は、ブラジル先住民のトゥピ族の言葉であるnanaまたはanana（すばらしい果物）に由来する名前で呼ばれる。学名の*Ananas comosus*も同じだ。しかしイギリス人はこのときばかりはスペイン人にならい、この果物をパイナップル（pinapple）と呼ぶことにした。この時期に松かさの名称として一般的に使われていた語だ。[5]

　イギリスでは、「pine」にはライバル

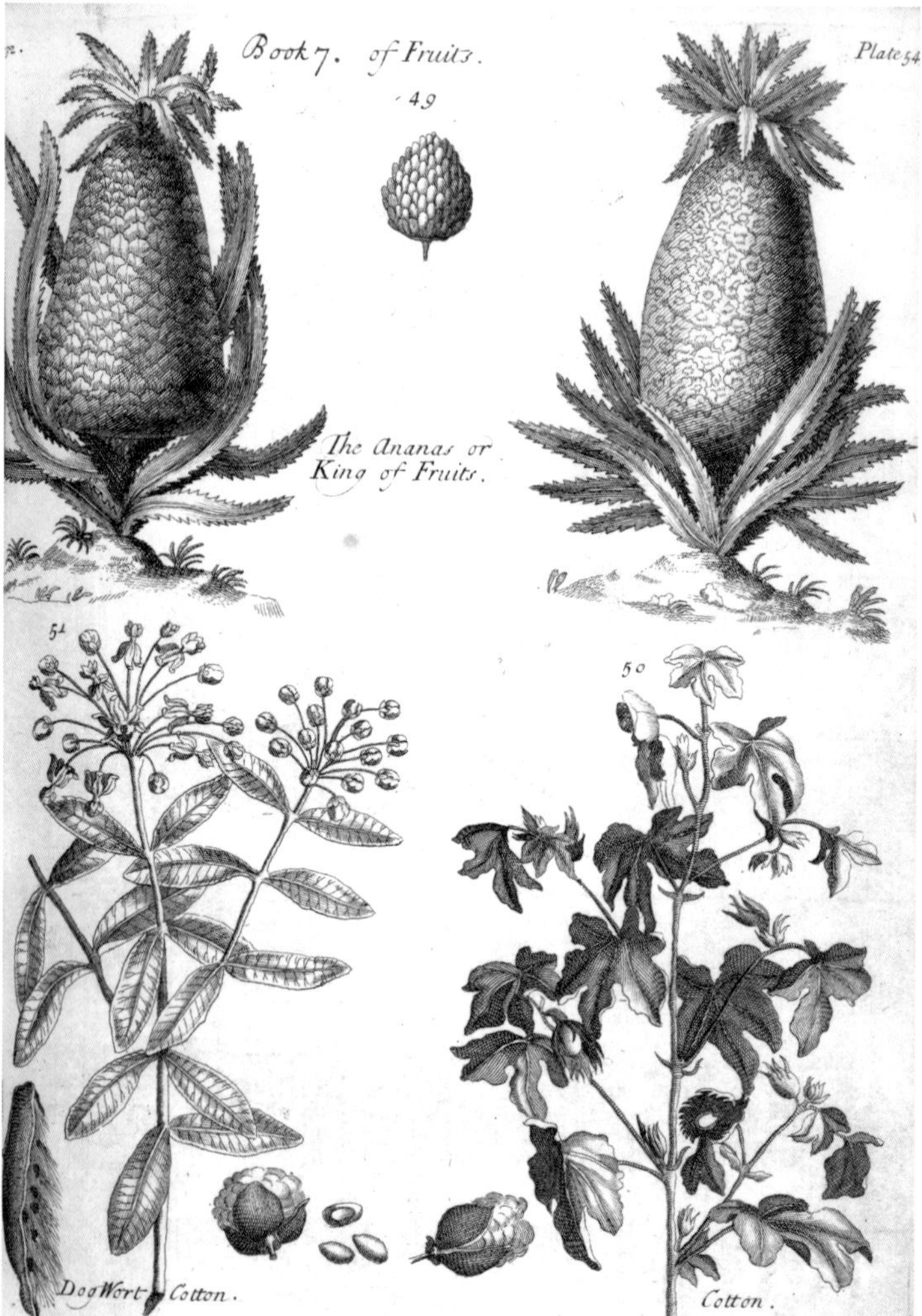

ピエール・ポメの『薬物誌』（1737年）に掲載された図版の一枚、「アナナスまたは果物の王様」。パイナップルを松かさのように描いている。

的な存在の言葉がある。ドイツ語またはノルウェー語から派生した「fir」という語だ。針葉樹を集合的に表す語として、「fir」は「pine」と区別なく使われることがある。とくに、多くの木が集まった場所を遠くから見て表現するときや、木材を見たときに使われ、いまでも十分に通用する。しかし植物学では、fir は松とは近縁にあたるモミ属（*Abies*）の樹木の英語名として厳格に区別される。fir は、スカンジナビア言語のいくつかにまだ残り、ドイツ語で松を表す単語 keife の一部にもなっている。ロシア人はいくつかの種類の松に対しては cedar（スギ）から派生した kedr という語を使うが、一般的に松を表すロシア語は sosna だ。[6] トウヒの一般的な英語名 spruce はプロシア王国（Prussia）を表す古語を語源とする。

近代以前のヨーロッパ人は松とその近縁種をはっきり認識し、松からとれるピッチにも間違いなく価値を認めていた。しかし当時の人々の知識は、近代の植物学者が解明したことに比べれば不十分であいまいなものだった。古代ギリシアの学者、テオフラストス（紀元前371頃～287頃）は松についての記録を残したひとりで、『植物誌』を書き著した。だがこの本を原語で読めない人たちには残念なことに、この本の翻訳者アーサー・ホルトは植物学者ではなかった。[7] 彼は松（pinus）に属する木を意味するときでさえ「fir」という語を使い、「イダ山の fir」、「海岸の fir」（それぞれヨーロッパクロマツとアレッポマツのことだと特定された）[8] などと表現した。なお、食べられる種子――松の実――のために栽培される松についても、古くから知られていた。

テオフラストスは松に関心をもつ人たちに助言を求めた。イダ山の松を切って松明《たいまつ》をつくっていた者や、船大工、樹脂の採取者などだ。情報を提供してくれた人たちの松の生態についての意見は

ヒエロニムス・ボックの『植物の分類』（1546年）の挿絵として、ダーフィト・カンデルが描いた「モミとカラマツ *Thannen und Lerchenbeum*」。

さまざまで、テオフラストスは、アルカディア［ペロポネソス半島中央部の山岳地帯］の住民が松のさまざまな種類を見分け（アルカディアでは松は一般的ではなかったのだが）、「その後、みんなで名前をどうつけるかを議論する」と書いている。[9]

テオフラストスは、現在も分類学者をいらだたせる問題に取り組んでいた。そのひとつは、「木の使い道によって、異なる性質が認識される」ことだ。[10]つまり、多くの人が松に寄せる関心は、（他の多くの植物と同様に）松にどのような使い道があるかが中心だった。もうひとつの問題は——19世紀末まで気づかれなかったのだが——同じ種の松でも生育環境によって形にさまざまな違いが生まれるという事実だ。木には雄と雌があるという当時広まった説も、観察を混乱させた。

20世紀に松の木を研究したニコラス・ミロフは、松とその近縁の針葉樹にヨーロッパの古典文学研究者が与えた名前はあきれるほどの混乱ぶりだと述べている。ミロフは、ギリシア人が大きさと実の結び方で松を区別し、おもにピッチ採取用にした丈の低い樹脂が豊富な松をピテュス（pitys）と呼び、高く堂々とそびえる山の松を peuke と呼んでいたと考えた。その後、古典学者で木材貿易にも携わっていたラッセル・メイグスが、テオフラストスが説明した pitys と piuke の区別を現在の種に当てはめるのは不可能であり、地域ごとに異なる名前を使ったためにさらに混乱を増した、と結論した。メイグスは、5種類の松がとくに重要だと考えた。マケドニアと黒海周辺のヨーロッパアカマツ、アレッポマツ、松脂用としてはイタリアと地中海西岸地方のフランスカイガンショウ、ヨーロッパクロマツとラリシオマツ（学名 *Pinus laricio*、かつてはコルシカマツを指したが、現在はヨーロッパクロマツと同じものと考えられている）、そして、松の実を採るためのイタリアカサマ

紀元前30年頃にローマ郊外の「リヴィアの家」に描かれた松の木のフレスコ画

ツだ。[11]

他の古代の著述家からの松の生態についての情報はほとんどない。彼らの観察のほとんどは、それほど重要ではない事柄か、松の実用的な用途に関連したものだった。博物学者の大プリニウス［ガイウス・プリニウス・セクンドゥス、紀元23～79年］も、どうやら3種類の松――ミロフがヨーロッパハイマツ、ヨーロッパアカマツ、イタリアカサマツと翻訳したもの――は認識していたらしく、松に関連した植物用語としていまも残るふたつの語、pinaster と taeda を記録に残している。pinister はローマ近くの海岸沿いに自生した松のことで、taeda のほうはもっと謎めいた語だ。文字どおりには松明を意味する。これが、火がつくと簡単に燃え上がる古木、病気の木、枯れた針葉樹のどれに対しても使われた語だとわかるまでは、近代初期の植物学者たちを長いあいだ混乱させていた。

古代人の松に対する考え方や関わりについて、初期の証拠が見つかるもうひとつの地域が中国だ。ここでは、松の木は数千年前から人々の意識のなかで特別な場所を占めてきた。年月による荒廃への耐性など、松が象徴するいくつかのものは、古代ヨーロッパでは樫の木に帰せられていたものだ。[12]中国の長寿をつかさどる神「寿星《じゅせい》」は、たいてい松の木の下に立っている姿で描かれる。

松は、紀元前の終わり頃の世紀に、王の墳墓に植えられた木として記録されている。また、中国の古代神話と地理の編纂書『山海経《せんがいきょう》』にも、山の頂上に生える松がたびたび登場する。この書には、松と松由来製品についての言及が多い。中国人は松の木全般を含め、植物に関する厖大な実用的知識を蓄積した。松材を焼いたときのすすは、とくにインク用として貴重だった。また、松の木はど

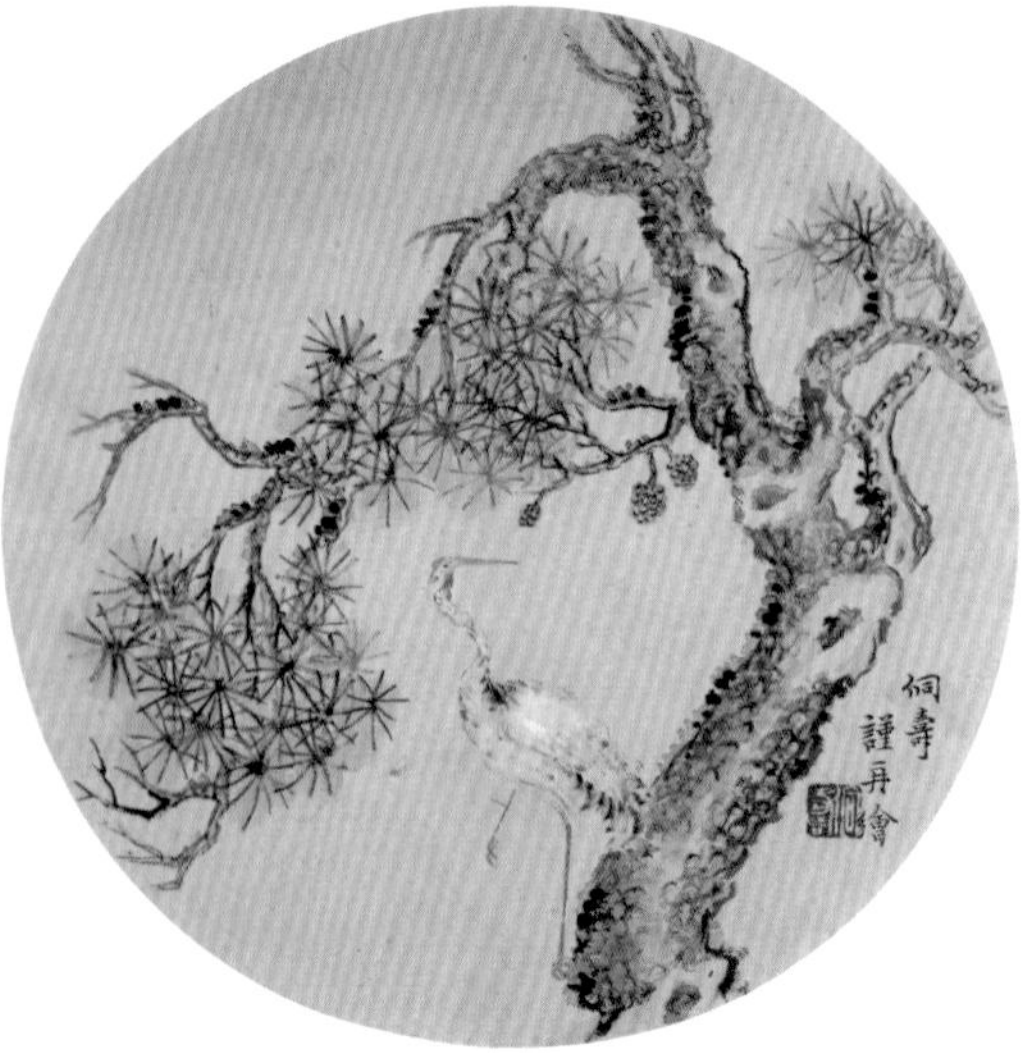

清朝時代に劉侗壽（りゅう　とうじゅ）が描いた松と鶴。中国の文化では、松も鶴も縁起がよく、長寿を象徴する。

の部分も害虫よけに役立つとみなされた。そして間違いなく、中国人には松を植えて栽培するための知識が豊富にあった。[13] 12世紀頃以降、中国の学者はひと束の針葉の数は種によって異なり、分類の助けになるとわかり、観察して記録した。ヨーロッパ人がこの事実に気づき、種の特定手段に使うようになるのはずっとあとのことだ。もっとも、束ごとの針葉の数については参照する情報源によって異なり、現在の中国で観察できる種と照合するのはむずかしい。

ヨーロッパでの松の植物学的知識は、古代から近代初期までのおよそ1500年間、ほとんど前進しなかったように思える。大部分の文献はテオフラストスの研究に言及するか、そうでなければピッチの使い道などの実用的な側面について書いたものだった。中世ヨーロッパの住民は生き残ることに必死で、哲学的思考は自然界そのものの観察よりも一神教の宗教に向けら

オラウス・マグヌスの『北方民族文化誌』（1555年）に掲載された木版画。北方の国の樹木を描いたもので、左端に松またはモミがある。

れた。おそらく誰もが、総称としての pine（用いる言語によっては fir）という用語でこの植物のことを考え続けていたはずだ。ピッチ、木材、その他の製品にするための樹木を特定することが彼らの目的であって、どのような細かい区別をしていたかは、いまとなってはよくわからない。

松を他の樹木種と区別されるひとつのグループとする近代の植物学的思考は、16世紀の終わり頃に発達し始めた。古代の文献をより哲学的に、注意深く研究するようになったのだ。ジャン・ボアン（1541〜1613年）と弟のギャスパール・ボアン（1560〜1624年）はどちらもジュネーブの医師兼科学者で、兄と同名の父ジャン・ボアンはナバラ王国の女王のお抱え医師だった。息子のほうのジャン・ボアンは著書『植物史新書 *Historia Plantarum Universalis Liber Nonus*』（死後の1650年に刊行）で、テオフラストスが用いた用語の意味について論じ、混乱させる専門用語への不満を述べた（松に関心を寄せる多くの研究者が同じ思いを抱き続けてきた）。ギャスパールは植物学の命名と分類法に取り組み、種と属を区別した。[14]

植物を正確に特定する必要があった薬草医や薬剤師も、松に

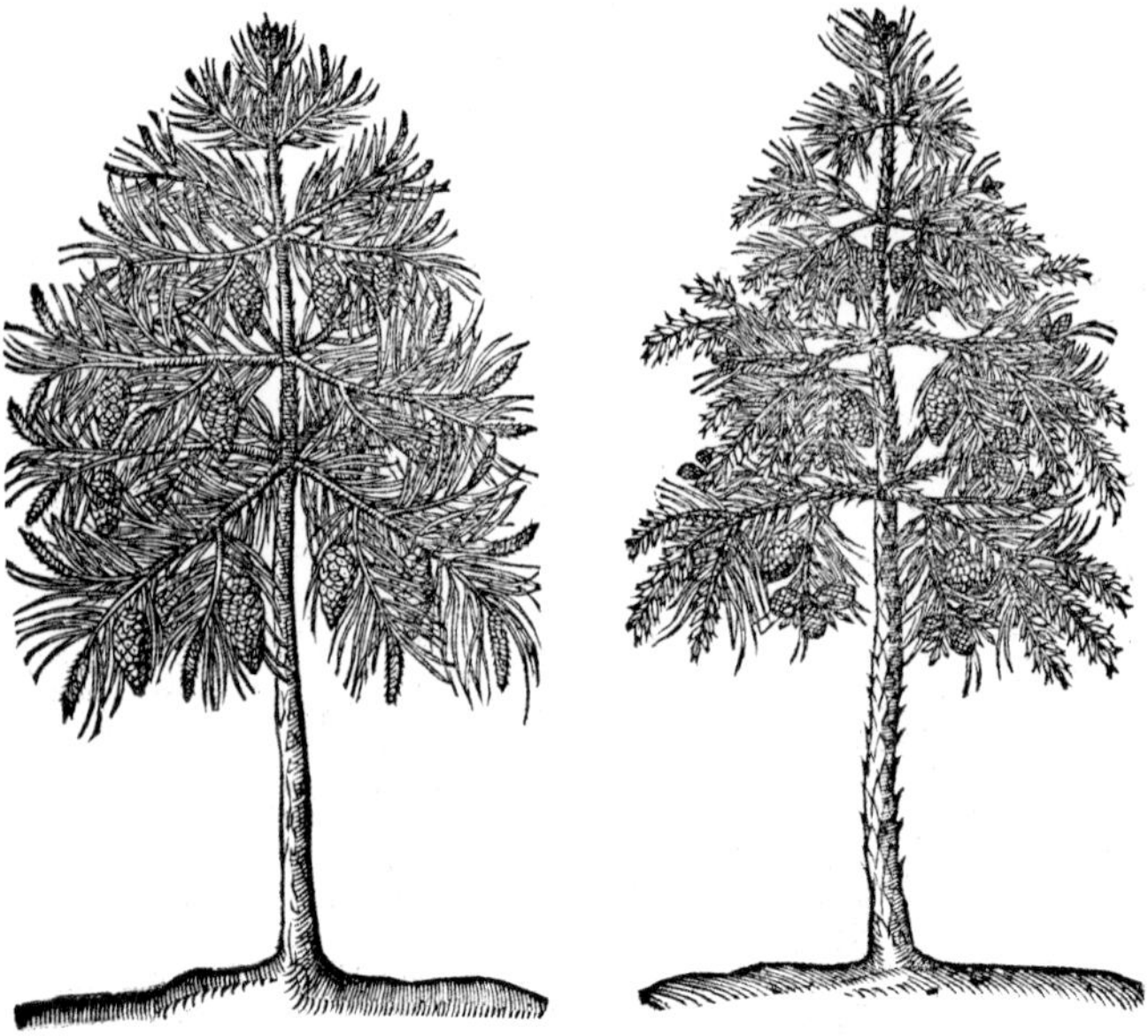

レンベルト・ドドエンス『植物図譜30書』（1616年）の図版。森林の松と海岸の松。

ついての説明を書き残している。ピエール・ポメは17世紀後半に、4種の松について書いた。松の実を採取するために栽培される松と3種類の野生の松で、そのひとつがワイルド・シー・パインと呼ばれた樹高の低い小型の樹木だ。[15]

マツ属という分類が正式に植物学の文献で用いられるようになったのは、ジョゼフ・ピトン・トゥルヌフォール（1656～1708年）が7つの「属」――モミ（*Abies*）、マツ（*Pinus*）、カラマツ（*Larix*）、クロベ（*Thuja*）、イトスギ（*Cupressus*）、ハンノキ（*Alnus*）、カバノキ（*Betula*）――を紹介したのが最初だった。[16] カール・リンネ（1707～1778年）は『植物の種』のなかで、マツ属に含まれる松を10種類に限定した。その代表として、彼は北ヨーロッパの野生種の松であるヨーロッパアカマツを選び、「森の松」を意味するラテン語名*Pinus sylvestris*を与えた。それ以外に彼が名づけた松には、イタリアカサマツ（学名*Pinus pinea*）、アルプスのヨーロッパハイマツ（スイスマツ、学名*Pinus cembra*）、北アメリカの2種類の松、ストローブマツ（学名*Pinus strobus*、「回転する」を意味する古代の言葉を使ったもの。古代ギリシアと現在の植物学用語では「松かさ」を意味するstrobilusから派生した）と、テーダマツ（学名*Pinus taeda*、大プリニウスが「松明」の意味で使った語）がある。

リンネはまた、スギ1種、カラマツ1種、モミ2種、トウヒ1種をマツ属に分類した。その時代までには植物収集家たちにいくつかの種類の松が知られていたことを考えれば、リンネがもっとくわしく松を説明しなかったのは不思議に思える。おそらく、どんどん広がっていく分野に幅広い種が存在することを示したかったのだろうと考えられている。[17]

マツ属は、「きわだって『自然のままの』属」[18]かもしれないが、リンネがモミ、カラマツ、トウヒ、イトスギをこの属に含めたように、また、総称的な名称が使われて続けていたことからもわかるように、松ならではの特徴をもっと明確にする必要があった。「私は自信をもってトウヒだといえるいくつかの松を発見した」。博物学者のジェームズ・ロバートソンは、ブリーマーからスコットランド高地を通ってバンフシャーへ向かう途中の1771年6月10日の日記に、そう書いている。[19] 針葉樹につける名前に関しては、同類の語が堂々巡りになりがちだ。19世紀はじめには、植物学者のデヴィッド・ダグラスがすべての針葉樹を松（pine）と呼んでいた。「スプルース・パイン」はいまでも、北アメリカのモミハダマツ（学名*Pinus glabra*）の呼び名として残っている。

松は混乱を招きやすい。「マツ属（*genus Pinus*）については古くから、植物学者たちは意見を述べては後悔しての繰り返しだった」。エイルマー・バーク・ランバート（1761〜1842年）は、『マツ属の解説』のなかで、そう述べている。[20] これは、松の木について出版された本としてはこれまでで最高に美しい書といえるもので、見た目が立派で判型も大きく、植物学の伝統にしたがって、植物画家フェルディナント・バウアーによる豪華な図版も掲載していた。ランバートは自分が目にしてきた実物の、または植物標本の松とその他の針葉樹すべてについて詳細に記している。働かなくても暮らしていける身分だった彼は針葉樹の研究にとりつかれたあげく、最後は貧困のなかで死亡した。

彼の丁寧な記述と美しい図版で構成されたすばらしい本は、残念ながら、植物学者にとっての悪夢となってしまった。「1803年から1824年のあいだに不規則な形式で7分冊で刊行されたが、それぞれ内容が異なっていた」[21]とオックスフォード英語辞典は指摘している。1828年からは第2版が刊行された。ランバートの著作はどれも「難解さ」と「あいまいさ」が目立ち、残念ながらこの本でもその特徴は変わらなかった。ランバートの時代には、テオフラストスやリンネにも想像できなかっただろう多くのマツ種が存在し、広範な環境に生育していた。15世紀後半の大航海時代以前には、ヨーロッパ人は多くの種類の松を目にする機会がほとんどなかった。北ヨーロッパ出身の人たちにとっては、松といえばなじみのある「森の松」――ヨーロッパアカマツがすべてだった。地中海世界のよく旅をする人たちであれば、12種くらいを見る機会はあったかもしれない。

しかし、18世紀末までに状況は一変した。とくに北アメリカはヨーロッパアカマツ（学名 *Pinus sylvestris*）だけにしかなじみのない人たちが想像するより、はるかに松の植生が豊かだった。探検

A・B・ランバートの『マツ属の解説』の図版として、フェルディナント・バウアーの作品を模したヨーロッパアカマツの版画（1803 ～ 1824年）。

のための航海に随行した植物学者たちのあとには、新種を見つけるように託されたプラントハンターたちが続いた。めずらしい植物はヨーロッパ市場で高額で取引されていたのだ。彼らの遠征旅行はしばしば危険に遭遇した。デヴィッド・ダグラスがサトウマツを発見したときのドラマチックな経験がその例だ。ダグラスはマツに属する巨大な種がオレゴン州北部の山岳地帯のどこかに生育していると知っていた。種子と松かさの両方を見たことがあったからだ。１８２６年10月、彼は苦労して山に入り、現地住民の助けを借りて何本かの木を見つけだした。アンプクア族の言葉で natele と呼ばれていた木だ。巨大な木は登るには高すぎたため、ダグラスは銃を取りだしていくつかの松かさを撃ち落とした。銃声を聞いて、何人かの敵意を抱いた先住民たちが、彼が何をしているのか疑問に思って近づいてきたという。ダグラスは松かさ3個と小枝数本を標本用に持ち帰ったが、この木については「この属の王様と呼べるくらい気高く、おそらくもっとも立派な植物標本でさえある」[22]と、この発見を自分のキャリアの最大の功績とみなした。

彼はエイルマー・バーク・ランバートに敬意を表して、この松をランベルトマツ（サトウマツと同じ。学名 *Pinus lambertiana*）と名づけた。ダグラスの北アメリカ大陸探検により、モントレーマツ、ポンデローサマツ（ウエスタンイエローパイン）、ウエスタンホワイトパイン、シシマツ、サビンマツなど、他の針葉樹もヨーロッパに紹介された。ダグラス自身はハワイで採集活動をしているあいだに、早すぎる死を迎えた。彼の死は、プラントハンターという職業がいかに危険だったかを物語っている。ジェフリーマツを発見したジョン・ジェフリー（１８２６年生まれ）も、１８５４年にアリゾナで姿を消した。中国や東南アジアへの探検は、植物分類に新たなマツ種を加えたが、西洋人の意識にはそれほど深い感銘を与えなかった。

新世界での豊かな植物の発見と分類学の発達が結びつき、松に関する文献は複雑にもつれて混乱をきわめた。松を扱うむずかしさは、もっとも役に立つ種や観賞用の種に与えられる通称の数の多さのために、さらに複雑さを増した。たとえば、北アメリカのストローブマツは、最初にイギリスに紹介されたときには、1700年代はじめにロングリート［ウィルトシャーのカントリーハウスで、広大な敷地にエリザベス朝様式の邸宅、庭園、森林、サファリパークなどがある］にこの木を集中的に植えたウェイマス卿にちなんで、ウェイマスパインとして知られるようになった。[23] この名前はいまもまだ使われており、ほかにもイギリス、フランス、スペイン、ドイツ、スウェーデン、その他の国の言語で、約65の呼び名がある。そのなかには、ウェイマスパインからの明らかな翻訳（Weymouths-keifer）もあれば、その土地の地名をつけたもの（ミネソタホワイトパイン）、この木を扱う人たちにとっての重要な特徴を名前にしたもの（パンプキンパイン、バルサムパイン）もあるが、ハンガリー語のsimafenyöなど、専門家でなければわからない呼び名もある。[24]

マツ属という分類がひとたび認識されると、植物学者たちはそれをさらに「連」や「節」に分類したいという欲求に打ち勝てなかった。その結果の植物学文献の森は、松研究の歴史を特徴づける混乱のなかでもとくにやっかいなものとなった。そして、個々の種に与えられる学名の変化によって、混乱はさらに増した。松の命名の歴史は複雑だ。時代を経るとともに、名前を割り当てる植物学の慣例、植物の特定の側面に置かれる強調、分類に対する哲学全般がすべて変化して、植物学者たち自身が絶望してそれを嘆くほどだった。[25]

用語のばらつきは、筆者、年代、研究目的に応じて、文献、用法、意味のすべてに見られた。種は亜種に格下げされたかと思えば、再び格上げされたり、観察によって十分な違いがあるとわかれば、ふたつに分けられたりもした。20世紀に入ってから名前が変わった種もある。国際植物命名規約が変わり、それ以前の名前が無効になったためだ。マツ属の科学的理解はいまも不完全だ。サブグループに分ける欲求が高まった19世紀には、それはまだ半分しか実現していなかった。新種が発見されただけでなく、遺伝的性質と生育環境によって松が見せる自然の変容は、まだ表に現れ始めたばかりだった。

他の属に当てはまる性質をもつ樹種は、論理的で妥当な判断としてマツ属から削除された。1754年にスコットランドの植物学者フィリップ・ミラー(1691～1771年)がモミ(モミ属)とカラマツ(カラマツ属)を別個の属として識別したが、トウヒ(トウヒ属)が切り離されたのは1824年になってからだ[26]。属を分けるだけでも大仕事だが、植物学者は属をさらに細かく分類した。現在のマツに関する見解にいたるまでの道のりには、捨て去られた提案や分析の残骸があちこちに転がっている。

松を特定し分類するために植物学者が用いた基準は、観察できる形態にもとづいていた。ひと束の葉の数や球果の形、樹皮の質感、そして、顕微鏡で確認した内部の構造などの細かい特徴だ。18世紀半ばに、フランスの植物学者アンリ＝ルイ・デュアメル(1700～1782年)が葉に注目したシンプルな分類法を提案した。それ以降、属の規模が大きくなるにつれ、植物学者たちは種の整理と再整理を続けてきた。ジョージ・エンゲルマン(1809～1884年)は、「マツ属を

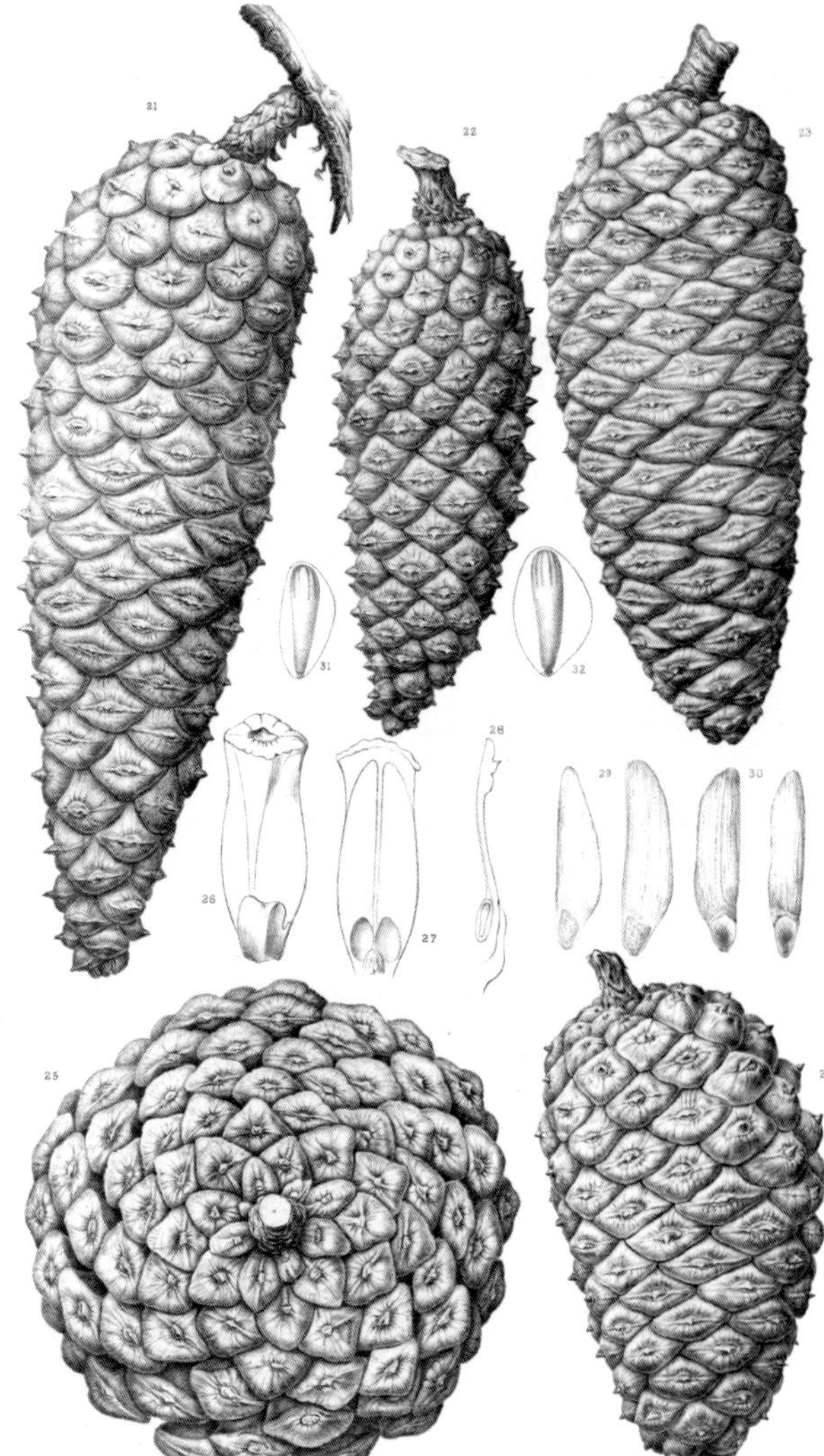

ジョージ・エンゲルマンの『マツ属の改定とスラッシュマツの説明 *Revision of the Genus Pinus and Description of "P. ellittii"*』（1880年）の図版としてパウルス・ロイターが描いたスラッシュマツの松かさ。

注意深く観察することにむずかしさはなにもない」と書き記している。

植物相の特徴が植生と結びついて明確に属を確定するため、それに属する種を認識できない者はいない。しかし、60か70もある既知のマツ種を分析して分類しようとすれば、どれも似たように見えてしまい、満足できる形で整理しようとする試みはすべて失敗してきた。[27]

エンゲルマンの観察は徹底していて、属をふたつの亜属に分けて、*strobus*と*pinaster*と名づけた。松の葉の内部構造についての19世紀後半の植物学者による観察は、また新たな分化につながった。ベルンハルト・ケーネ（1848～1918年）が、マツ属をハプロキシロン（*haploxylon*）とディプロキシロン（*diploxylon*）のふたつに分けた。ハプロキシロンの針葉は維管束（水と養分を運ぶ通路となる内部組織）がひとつで、ディプロキシロンには維管束がふたつある。これらの用語は重要で影響力をもつようになり、20世紀の大部分を通じて植物学者や森林学者が使うようになったが、国際植物命名規約の変更で無効になった。それでも、ハプロキシル（haploxyl）とディプロキシル（diploxyl）という用語は日常的には現在も使われ続けている。[28] しかし、多くの用語（*haploxylon*、*diploxylon*、*bifoliis*、*australes*、*parryana*、*Ducampopinus*）は、現在も松に関する文献のなかで正式な用語として記され、落とし穴になったり混乱のもとになったりしている。

提案された数多くの分類法が、マツ属をふたつの（ときには3つの）亜属に分け、亜属をさらに節と亜節に分けてきた。問題は、節の分類のために用いる観察可能な特徴にあり、現在もまだ完全には解決していない。「ひとつの分類法で種を区別する特徴は、他の分類法の区別とつねに干渉し合う」と、オランダの植物学者アルジョス・ファルジョンが指摘した。[29] 節の概念は、種の交配を考えるときに重要になる。大部分の松は同じ亜節内でしか交配しないからだ。一部の松に関しては、植物学者はいまにいたるまで、それが種なのか亜種なのか、あるいは単なる変性種なのかについて、また、節の分類法を体系化する最善の方法についても意見が一致していない。

形態、生育場所、環境から個々の松の種を特定するのが一般的だが、決定的な分類にはいたらない。遺伝子型（遺伝で伝わる潜在能力）と表現型（環境的要因によって決定される実際の発達）は、いくつかの種ではさまざまな変性につながる。収斂《しゅうれん》進化［異なるグループの生物が同様の環境に置かれることにより、類似した形質を独立して獲得すること］と呼ばれるものにより、たとえば、大きくて食べられる、鳥によって拡散される種子のような特徴は、山脈や海洋に隔てられた遠く離れた土地にある無関係の種でも、表面的にはよく似て見える。

DNA分析がいくつかの細かい性質の解明に役立つが、これは費用がかかるだけでなく、遺伝子となんらかの特徴――たとえば球果の形――との関係性は、推測するしかない。近年発達したクレード（系統群）分析と呼ばれる方法は、共通の祖先から引き継がれた特徴を探してグループ分けしていくもので、枝分かれ図（樹形図に似たもの）を使って関係性を表す。これによって属をどのように細分類するかについての方向性が定まった。過去250年間に蓄積された大量の観察、描写、データ、推測から浮上したもっとも一貫したポイントは、マツ属をふたつの明確な亜属に分けるというものだった。[30] それが、現在の *Strobus* 亜属（葉ごとの維管束がひとつ）と、*Pinus* 亜属（葉ごと

A・B・ランバート『マツ属の解説』の図版として、フェルディナント・バウアーの作品を模して描かれたストローブマツ（学名 *Pinus strobus*）（1803 ～ 1824年）。

の維管束がふたつ）である。少なくともアメリカでは、木質の全体的な特徴の違いによって、やわらかく白い松（*Strobus*）と、硬くて黄色い松（*Pinus*）というように、このふたつの亜属は日常的に区別して言及されることもある。マツ属を別個のふたつの属に分けるという案が浮上することもあった。しかしそのためには新たに属に加えたすべての種の学名を変える必要があるため、まだアイデアにとどまっている。分類学者は何事も順序立てて考えたがるものだが、この件については仲間から冷笑される可能性を免れない。松という木は、すっきり整理しようという植物学者の試みに抵抗し続けている。

第3章 ピッチ、テレビン油、ロジン

松が分泌する樹脂（松脂）は粘り気が強く、ハチミツに似たよい香りがする。主成分は固体のロジンと液体のテレビン油。幹や枝にできた傷を補修したり異物を排除したりするために分泌され、粘性が強く、非常に燃えやすい。幹や枝の上では滴《しずく》となって現れ、流れ落ちる。松かさの上では斑点のようににじみ出るか、涙の滴のように見える。新鮮なものは透明でつやがあり、古くなると白濁し、ろうそくのろうに少し似ている。松脂は空気にふれると蒸発と酸化によって硬くなる。他の針葉樹も樹脂を分泌するが、松はとくに分泌量が多い。少量なら自然に流れ落ちる松脂を集められるが、遠い昔から、おそらくはさまざまな時代と場所で、木をわざと傷つけて樹脂の流れを増すという方法を誰かが思いつき、繰り返されてきたのだろう。

中国では古くから、医師たちは松脂と松の根元に育つ菌類（茯苓《ぶくりょう》［サルノコシカケ科のマツホドの菌核をそのまま乾燥させたもの］）との関係に、複雑な考えを抱いてきた。この菌は、地面に流れ落ちた松脂がそのまま残って千年が経過した状態と考えられ、不老不死の薬とみなされていた。[1] 古

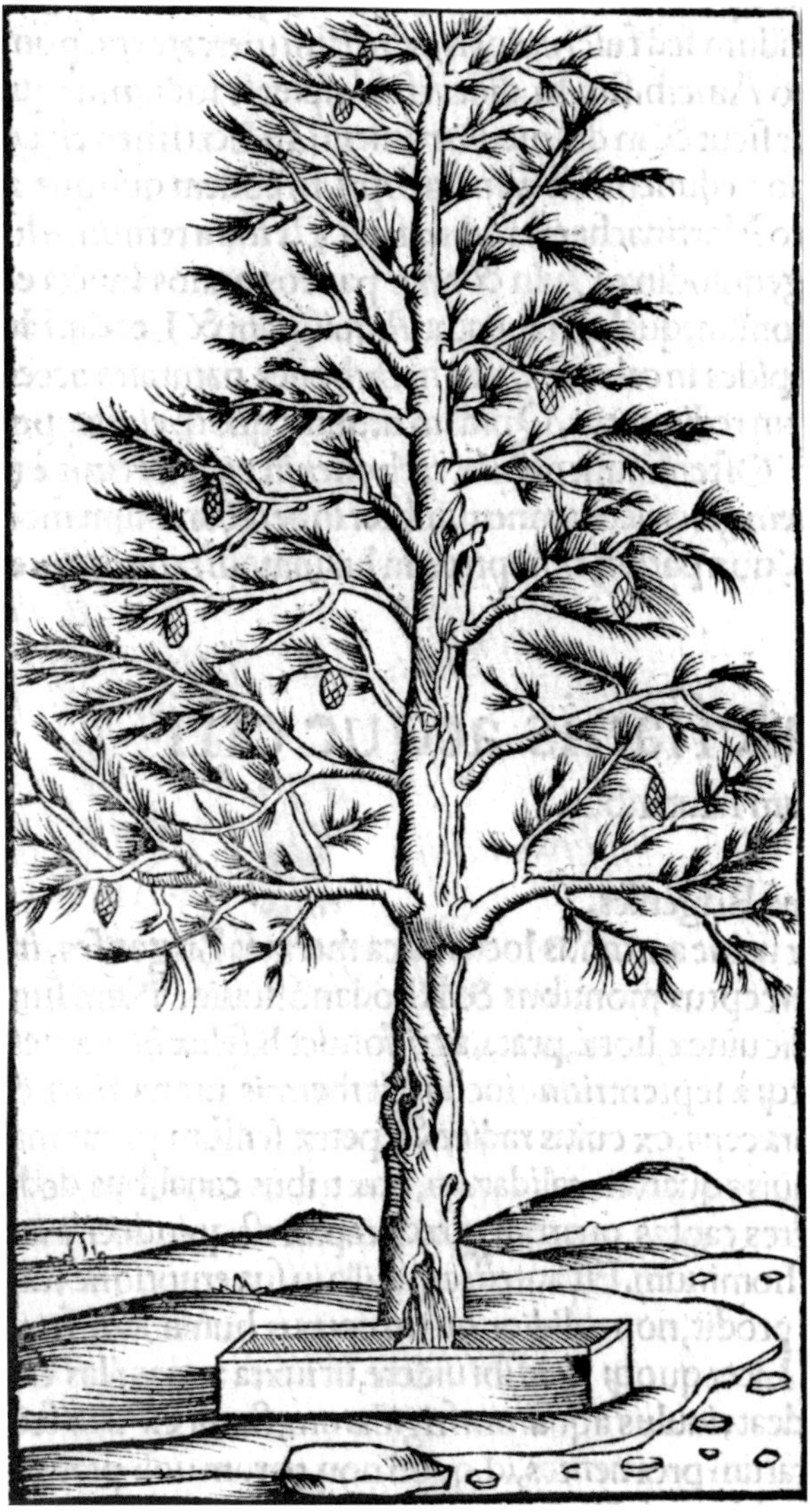

セバスティアン・ミュンスターの『コスモグラフィア』（1544 ～ 1552年）の図版に使われた木版画。松の根元から樹脂を採るために箱が置いてある。

代ギリシアでは、ピテュスの松は海神ポセイドンにとっても酒神デュオニソスにとっても神聖なものだった。これは、松が船を造るための材料になり、船や道具を長持ちさせるために松脂やピッチが使われただけでなく、松脂は穴だらけのワイン樽を密封し、ワインそのものにも混ぜられたからだった。古代の地中海世界の松に関しては、松脂やピッチのほうが木材よりも重要だったのかもしれない。

マケドニア王とハルキディキ半島の都市国家群が紀元前4世紀に結んだ条約では、マケドニアの森林の生産物を利用する権利がハルキディキに与えられ、そのリストには木材よりも松脂が先に記してあった。[2] 古英語ではピッチは pic と記録されている。中期英語では picche または pisch、大陸ヨーロッパでは pic、pi、pik、北海沿岸のゲルマン語では peh だった。ヨーロッパ本土から離れた古いアイスランド語では bik で、東欧での関連語はスラブ語で記録されていた。ピッチは明らかに重宝され、広範囲に運ばれていた。

古代における松と航海の結びつきは、松由来製品を扱う産業を意味する英語の「naval stores」という表現にいまでも見てとれる。このフレーズの意味はもともと索具《さくぐ》（ロープ類）、帆柱、帆桁《ほげた》、厚板用の木材、そして松のタールやピッチを含んでいたのだが、19世紀には松の生木《なまき》から採取する松脂と、それを蒸溜してできるテレビン油とロジン、枯れた松材から抽出するピッチやタールを意味するようになっていた。[3]

松に関することは何でもそうなのだが、英語の語彙は変わりやすい。松脂（resin）はテレビン、（とくにアメリカでは）ゴム、ピッチと呼ばれることもある。ピッチは、切り倒された木や火災などの熱で枯れた木から抽出した樹脂を指すが、タールとも呼ばれる。ロジンは、古い文献では松脂を指していることもある。用法は気が滅入るほど混乱している。その混乱ぶりが、いまのような化石燃料製品がなかった時代に、これらの松由来品がどれほど重宝されていたかを物語る。

松脂は、正式には「オレオレジン」という名で、「テレビン系炭化水素油に溶解された樹脂酸の非水溶液」と定義される。[4] 何かにくっついた松脂を引きはがした経験のある人ならわかると思うが、松脂は粘着力がとても強い（皮膚についた松脂は、少量の脂肪または油でこすると取り除ける）。19世紀のノースカロライナのテレビン油産業では、松脂を採取する男性たちの作業着は大量の脂が付着して、すっかり硬くなってしまっていた。折りたたむこともできず、夜間は山小屋の隅に立たせたまま置いていたという。[5] ゴム（gum）という語は、アメリカではよく松脂に対して使われるが、これは正しくない（ゴムは水溶性だ）。

古代には松の木を意味することもあったピッチ（pitch）は、オックスフォード英語辞典では次のように定義されている。

> 粘性の強い、樹脂のような、黒またはこげ茶の物質で、冷やすと硬くなり、温めると半液体化する。樹木のタールまたはテレビン油蒸溜の際の残留物で、船の継ぎ目の充塡剤にしたり、木材を湿気から守るために使われる。

この物質はタール（tar）とも呼ばれていた。さかのぼれば紀元700年のアングロ・サクソン人の文献にこの単語が見つかる。そのなかでは teru または teoru が、ラテン語の resina と同じ意味で使われていた。ピッチと同じように、タールという語もインド・ヨーロッパ語族にルーツがあるようだ（オックスフォード英語辞典より）。ピッチとタールは混同されがちで、ときには区別なく使われる。また、ピッチは加熱処理によってできる製品に対して使われることもあった。もっとも古い記録からずっと、タールという語はアスファルトやビチューメン（瀝青）にも使われてきた。現在はこの意味で使われることが多い。

松のピッチとタールはわずかに渋みを感じる、木の香りと化学物質を混ぜたようなにおいがするが、不快なにおいではない。西ヨーロッパの海岸沿いの町にある波止場や製帆工場でかぐようなにおいだ。また、その真っ黒な色から、月のない夜や光の入らない地下室などに対して用いる「pitch-black（真っ暗闇）」という英語の表現が生まれた。

生木から採取される未加工の松脂は、テルペンチン（turpentine）とも呼ばれ、それを蒸溜したものがテレビン油として認識された。オックスフォード英語辞典によれば、テレビン油はこう定義される。

針葉樹の幹、樹皮、葉、その他の部分に含まれる揮発精油で、通常は未加工のテルペンチンを蒸溜して抽出する。樹木の種類によって質が異なる。どれも同じ $C_{10}H_{16}$ の化学式をもつが、物理的、より正確には光学的な特性に違いが生じる。

とくに断りのないかぎり、この章で言及する「テレビン油」は、蒸溜後にできる精油を意味する。英語ではしばしばturpsと略され、アマニ油と混ぜると油絵画家のアトリエのような独特のにおいがする。刺激が強く、一度かいだら忘れられないにおいだ。鉱物由来の白い揮発油は、しばしば立派とはいえない——酒の代用品としての——目的にも使われる。

松脂を蒸溜すると、蒸溜器に透きとおった薄い金色の、固形の残留物が残る。これがロジンと呼ばれるようになったものだ。この言葉は（オックスフォード辞典によれば）突き詰めていけば松脂を意味するラテン語のresinaから派生したものなので、松由来製品についての議論は堂々めぐりになりがちだ。近代初期の学者たちの何人かは、松脂を意味する語として「ロジン」を使っていた。彼らは同時に、いまはもう使われていないコロフォニー（colophony）という語をこの残留物（ロジン）を指す語として使った（イオニア同盟の一都市、コロフォンに由来する）。このように用語が複雑にもつれてしまった理由は、これらの物質がことのほか有用で、生産地域から遠く離れた土地の人たちにも求められたからにほかならない。おそらく、松由来品の産地から離れて暮らす人たちは、これらの品をはるか彼方の森で採れる自然製品として、どこか謎めいた、魔法の品のように思っていたのだろう。

古代ギリシアのテオフラストスは『植物誌』のなかで、松脂のふたつの採取方法を記録している。まずは、ヨーロッパモミやアレッポマツのような生木に傷をつけることで採取する方法（ただしテオフラストスは、このやり方がやがては樹木を弱らせた、と注記を加えている）。樹脂は木がどの方向を向いているかで質が変わる。もっとも純度が高く良質の松脂は、日当たりのよい土地に育つ北に向いた木から採れる。気候が乾燥していると、松脂の分泌は少ない。テオフラストスは、松脂は「かごに入れて運ばれるうちに、私たちがよく知る硬い樹脂になった」[6]と書いている。

第2の抽出方法としてテオフラストスが記録したのは、マケドニア人とシリア人が使っていた、切断した木や枯れた木を蒸し焼きにしてピッチを採る方法だ。まず、地面の一画を平らにし、中央に向かって松脂が流れこむような傾斜をつける。そして、割った丸太を「炭焼き職人がやるように」大きな山に積み上げる。その上を木材で覆い、さらに土をかぶせ、隙間から火をつけて閉じる。煙を上げる木材の山は土で覆ったままにし、「積み上げた山からピッチが流れ出るための道をつくっておき、少し離れた穴に流れ落ちるようにする」。2日2晩蒸し焼きにすると、やがてピッチの流れが止まる。「その間ずっと、火が外側まで燃え広がらないように、休みなく見守り続ける。聖なる日として犠牲《いけにえ》をささげ、良質なピッチがたっぷり採れることを祈る」[7]。松のピッチやタールを採るこの方法は、のちに「乾溜《かんりゅう》」と呼ばれ、広く知られるようになった。

ピエール・ポメは、松のタールは「〔フランスの〕私たちのところへは、たいていデンマーク、ノルウェー、フィンランド、スウェーデンから入ってきたが、アメリカのニューイングランド、バージニア、カロライナ、フロリダなどで大量に生産されていた」と記録した。[8] そして、その「真っ黒なピッチ」はタールと松脂を混ぜたもので、最高品質のものはストックホルムから入ってきた、ともつけ加えた。18世紀のニューイングランドでは、ピッチの生産が盛んだったノースカロライナは「タールヒール（タールがついたかかと）」州と呼ばれた。イングランドのジョン・イーヴリンは17世紀末頃に、「炭鉱作業員が炭焼き用の木を並べるのとまったく同じやり方で」「一種の粗野な蒸溜方法として」、枯れた木の節を炉床に並べたようすを書き記している。[9] この方法はシンプルだが単調すぎた。危険でもあった。積み重ねた山の覆いに、意図的かどうかにかかわらず隙間ができると、ときにはふさぐ必要があり、作業員（あるいは北アメリカの植民地では奴隷たち）がやけどをしたり、窯に落ちることさえあったからだ。

スウェーデンはもっとも良質のピッチを産出した。20世紀はじめのスウェーデンでは、ピッチを抽出するための「デール」と呼ばれる窯を傾斜のある場所に設置した。じょうご状のこの窯は底に注ぎ口があり、内側は粘土か鉄、あるいは厚紙で覆った。抽出作業の手順はこうだ。まず、木の幹の樹皮を地面から高さ2・5メートルあたりまではぎ取る。ただし、次の年まで木が生きられるように、北側にだけ細長い樹皮を残しておく。そのあとで木を切り倒すと樹脂が切り株からたくさん出てくるので、切り株をひと夏のあいだ乾燥させる。こうして準備が整ったら、樹脂をたっぷり含む切り株をデールのなかに積み重ね、全体を小枝と泥炭で覆う。松材が激しく燃え上がらないように小枝を燃やす火は注意深くコントロールし、テレビン油をたっぷり含む、需要の多いピッチだけができるようにした。乾溜は非効率だが、質のよいピッチができる。そのためスウェーデンの一部では、20世紀はじめまでこの方法を使っていた。[10]

ピッチは質に幅がある製品だ。テオフラストスの古代の記録によれば、イダ山の住民は地元の松の木から採ったばかりのピッチ（松脂）は、「海岸のモミ」のものよりも、「豊かで、色が黒く、より甘く、一般には香りがいいと考えていた」が、「水のような物質」を含んでいたため、煮詰めると量がかなり減った。

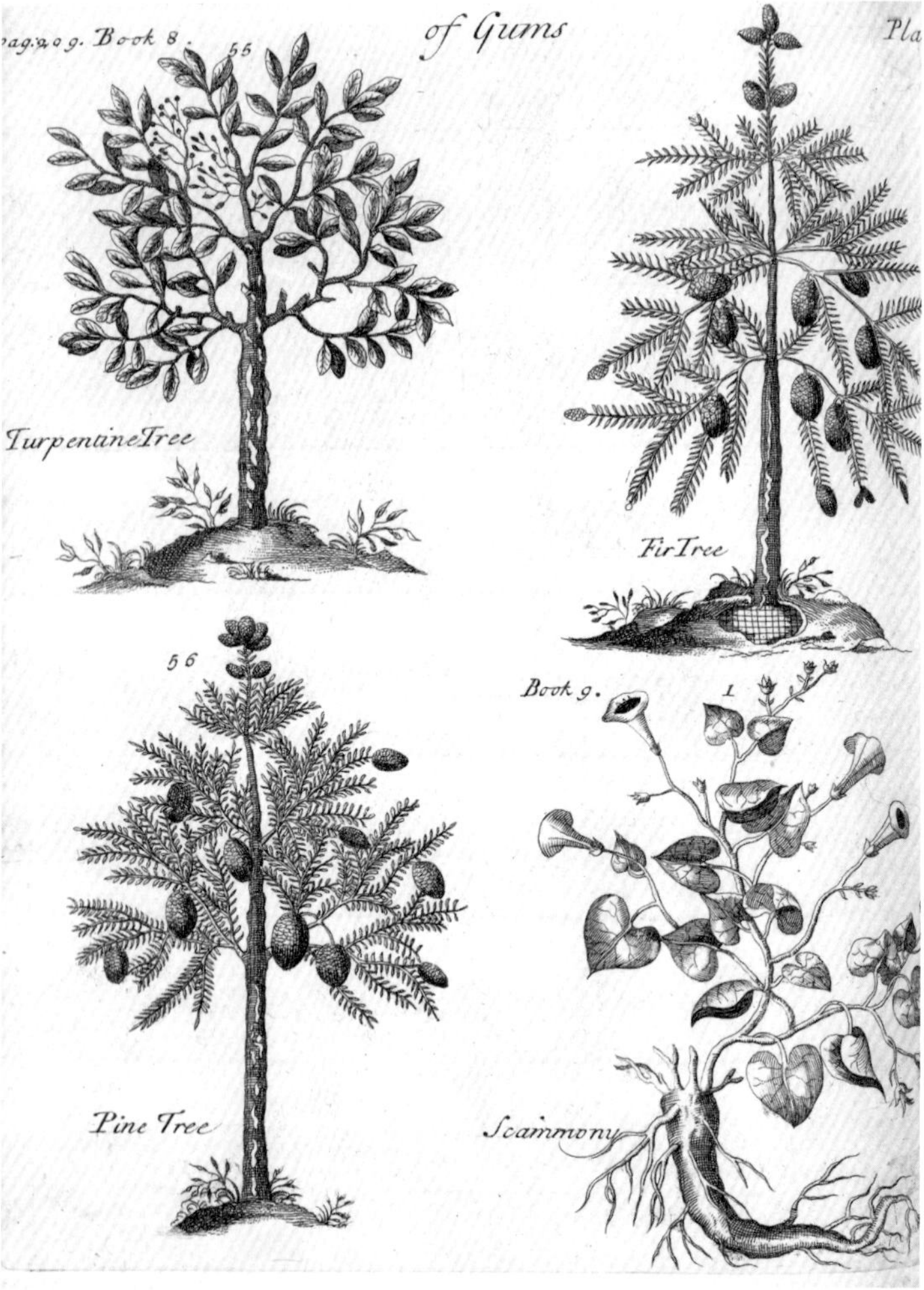

ピエール・ポメの『薬物誌』（1737年）の図版に描かれた、松、モミ、テレビンノキ。

大プリニウスも、各地の異なる種類の松から採取したピッチについて描写している。そのなかにはブルティウム（イタリア南部）に生育するspruce——おそらく古くはPinus brutiaとして知られていた松で、現在のアレッポマツの変種と考えられる——も含まれた。プリニウスによれば、流れ始めのピッチは別に集めておき（シリアではこれをシダー油と呼んでいた）、そのあとで流れ出る濃度の濃いピッチを青銅の大釜に集め、酢を混ぜて凝固させた。ブルティウム・ピッチと呼ばれたこのピッチは、赤味を帯び、より粘性が強く、脂肪分が多かった。ピッチは熱した石を使って、オーク樽のなかで加熱することもできた。小麦を粉にするときのようにすりつぶした、と記録されているので、加熱前のピッチが固まった状態だったことは確かだ。水と一緒に静かに煮ると、上澄み部分が赤くなり、蒸溜ピッチと呼ばれた。ただし、これは通常、質の悪い松脂に対して行なう方法だ。プリニウスはまた、特別な「中毒性のあるピッチ」についても書いている。イタリア・アルプス山麓の数か所以外ではまれにしか見つからないものだ。これは高品質の未処理の樹脂と短く薄い木片から作るもので、使うときは、つぶしてから煮立った湯に入れて溶かす。なにやら謎めいたこの製品は、薬として使われたようだ。[11]

農業についての著作がある古代ローマのコルメラ（紀元4～70頃）は、ブルティウム・ピッチのほか、リグリアのネメチュリカ・ピッチや、フランス・アルプスのサボア地方にあるアロブロージュ産のピッチなど、数種類のピッチに言及している。「一種の未加工のピッチ」として紹介しているRasisについては、産地を記していない。これらのピッチはそれぞれ性質が異なったが、どの木のものかについては何も述べていない。[12]

ピッチは驚くほど役に立つ。抗菌性と殺虫作用があり、固まると防水効果のある保護剤になり、接着剤にもなる。古代エジプト人は（おそらく松由来の）なんらかの形のピッチを、ミイラを作るときに使った。正確にどの土地の松脂だったかはわかっていないが、プリニウスは、流れ始めのピッチは「強度が非常に強く、エジプトでは人間の死体の防腐処理に利用している」と書き記した。[13] 最近の研究から、これはおそらく事実だったと思われる。エジプトのミイラを分析したところ、樹脂――そのいくつかは松のもの――の存在が確認できたのだ。

防水性のある保護剤、防腐剤、香味料として、ピッチは古代世界のワイン製造にも頻繁に使われた。コルメラはこのテーマについては多くを書き残している。普通のピッチが、ワイン用の壺《つぼ》の防水処理に使われていた。地面に埋めた壺を熱した鉄の棒で加熱し、古いピッチをこすり落としたあとに新しいピッチを注ぎ、ブラシのついた木製のひしゃくで内側をコーティングする。地面の上に置いてある壺は数日間日光に当てたのちに炎の上にひっくり返してのせ、熱くてさわれなくなるまで待つ。その後、熱いピッチを注ぎ、内側にまんべんなくピッチが行きわたるまで転がしたという。[14]

精製されたピッチにスパイスあるいは海水を混ぜると、ワインそのものの保存料になった。ネメチュリカ・ピッチを精製する方法としてコルメラが書き残した手順は複雑だ。まず、灰汁《あく》（木灰からつくったアルカリ溶液）で3回洗う。それから、ブルティウム・ピッチと「古い海水」（いくらか蒸発させた状態で保存したもの）を加え、「犬の星が空に見えているあいだ」、覆いをせずに日光にさらす。[15] 海水がすべて蒸発するまで定期的にかき混ぜる。ネメチュリカ・ピッチは、煮詰めた温かい海水を混ぜるとそれだけで使えた。ピッチが沈殿したら水を捨て、また新しい水を入れて、あ

サン・ロマン・アン・ガルが製作した2世紀末から3世紀はじめのモザイク画。ふたりの農場労働者が浸透しやすい陶器の壺を松のピッチでコーティングしている。

ざやかな赤い色になるまでかき混ぜる。ピッチは14日間動かさずに日干しにする。その後、発酵しているワインと少し混ぜてからワイン本体に入れる。コルメラは粉状にしたピッチを――ときにはスパイスと一緒に――保存料としてワインに混ぜることもすすめた。精製はピッチの特徴的な風味を抑えようとする試みだったのかもしれない。

ただし古代ローマ人はワインにピッチの味が加わるのを好まなかったようだ。コルメラは、飲んだときに保存料の風味に気づくことがあってはならず、「それが原因で買い手を遠ざけることになる」と忠告している。[16]

10世紀にコンスタンティノープルで編纂された農学書『ゲオポニカ』でも、ピッチはまだワインの保存料として推薦されていた。最初にピッチを灰汁で洗い、次に、他の樹脂、香料、スパイスと混ぜる。ワイン壺の内側はこの時代にもまだピッチでコーティングされていた。ピッチにろうを混ぜる者もいたが、「ワインが渋くなり、酢のような味になりやすい」という理由から、ろうを使わないように忠告する者もいた。[17] 保存料として松脂を使う必要がなくなった現在も、ギリシアでは松脂で風味づけしたレッツィーナというワインが生産され続けている。その味に慣れていない人たちの反応はさまざまだが、だんだんやみつきになる味という印象をもつ人も多い。

ピッチでコーティング、または密封した壺は、冬期に新鮮な果物を保存する目的でも使われていた。ブドウの房（丁寧に切り取った、熟しすぎのブドウ）、ナシ、リンゴがこの方法で保存できると言及されている。『ゲオポニカ』にはその手順も書いてある。ピッチを塗った木箱に乾燥させた松かモミのおがくずを敷き詰め、そのなかに果物を入れて保存する。ナシは吊り下げて保存する前

イタリアの市場で売られているナシ。2009年撮影。1000年前にすすめられていた方法で茎をピッチで覆っている。

に、茎にピッチを塗っておく（イタリアの市場では茎を赤いシーリング剤に浸したナシをいまでも売っている）。乾燥イチジクを入れた壺には、ピッチに浸した数個をほかのものとふれないようにして入れておくとかびを防ぐ効果があったらしい。

ほかにも数多くのちょっとしたピッチの使い道が記録に残っている。雄牛の胆汁または「アモルゲ amorge」（オリーブを圧搾したときにできる、水分が多く苦味のある副産物）と混ぜたピッチがアリ除けに使われていた。テッポウウリの果汁と混ぜるとトコジラミの殺虫効果があった。薬としても使われ、ときには人間の、だが多くは動物の皮膚の病変の治療に関するものが記録された。『ゲオポニカ』には、硫黄と混ぜたピッチが雄牛の疥癬（皮膚病）の治療に、オリーブオイルと灰を混ぜれば切り傷の治療に、塩を混ぜれば雄牛の化膿した傷の治療に使えると書いてある。人間用には、ハチミツ、液状のピッチ、油、バター、豚の脂肪を混ぜたものが咳止めに効果があるとして、その作り方が載っている。[18]ピッチは青銅などの金属に塗ると、変色を防止する効果があった。毛刈りのあいだに羊がちょっとした傷を負ったときには包帯代わりに使われた。うぬぼれ屋の男たちにとっては脱毛剤として役に立った。画家にとっては顔料の素だった。そうした利用法は中国の文献にもしっかり記録されている。古くから、バビショウ（タイワンアカマツ、学名 *Pinus massoniana*）の松脂は、寄生虫を原因とする皮膚病の治療薬として知られていた。のちの時代の中国の文献でも、松の小枝、葉、花、球果、樹皮、根には殺虫効果があり、役に立つと紹介されている。[19]

簡単に火がつき粘性のあるピッチは、戦争でも役に立った。古代にはヨーロッパでも中国でも、火薬、ピッチ、さまざまな有毒物質を組み合わせた火炎放射器を使った記録があり、原始的だがおそらく殺傷力のある武器になった。こうした火炎放射器はのちの中世ヨーロッパでよく知られるようになり、英語では fire lance（火槍）と呼ばれた。[20]

北アメリカの先住民は、松のピッチを接着剤として使った。そのもっとも驚くべきみごとな使用例が、スペインによる征服の直前にアステカ族が製作した精巧なトルコ石のモザイクだ。円形や動物やナイフの形に彫った木材の上に、あるいは人間の頭蓋骨を土台にした仮面の上などに、トルコ石を松脂で接着してモザイク模様が施された。また、木の柄に石の矢じりをつけるときの接着剤にもなった。松のピッチはかごや浸透性のある陶器を防水する目的にも使われた。

17世紀になってもまだ、ロジン、液状のピッチ、タールが、「関節炎と肺感染症」の治療や、手術後のギプスとして使われた、とジョン・イーヴリンが記録している。機械工（と職人全般）にとっても、これらの松由来品には「数え切れないほどの使い道」があった。[21] ポメはピッチについてこう書いている。

あらゆる種類のひっかき傷、かゆみ、湿疹、水虫、その他の皮膚疾患を治す。ピッチは煮ると微妙な成分が失われるので、ピッチよりもタールのほうがいい。ピッチは咳、結核、のどのかすれ、その他の肺に関連した疾患に使うと効果がある。[22]

タールと蜜ろうは、痛風や古傷の痛みにきく膏薬になった。あれこれと細かいピッチの利用法が記録に残っているのは、人々がいろいろと試して効果のあるものを取り入れてきた結果だろう。その習慣は近代以降まで引き継がれてきたようだ。硬化剤や防水剤としては、防水布や19世紀の鉱夫のフェルト帽に使われた。錫《すず》鉱山では岩石から錫鉱石を分離する発泡剤となった。油絵画家は木板の糊づけに使った（これは18世紀のイギリスの画家ジョージ・スタッブスのお気に入りの方法だった）。現在でも、「ストックホルム・タール」という名前の瓶入りの松のピッチが、家畜のちょっとしたけがや感染症の治療用に、どの農夫の救急箱にも必需品として常備されている。厩務員や蹄鉄工にとっても、ピッチは馬の世話に欠かせない。

松由来の製品、とくにピッチとタールは、船旅にも、制海権を獲得するための戦いにも、計り知れない重要な役割を果たした。おそらく、この方面での利用について最初に言及したのは聖書だ。「あ

並外れて役に立つ松のピッチとタールは、スウェーデンの主要輸出品のひとつとして、多くの目的のために世界中へ運ばれた。この写真では、オーストラリアの羊の毛刈り用に箱詰めされている。

なたはゴフェルの木の箱舟を造りなさい。箱舟には小部屋を幾つも造り、内側にも外側にもタールを塗りなさい」（創世記6章14節）。

先史時代の木造の船や小舟は、物理的な形ではほとんど残っていない。木材よりもっともろいヤナギ細工や動物の皮を使った道具、あるいはカバノキの樹皮が、おそらくピッチで防水処理がなされていた名残は、現在のアイルランドに残るキャンバスとビチューメンを使った舟や、ウェールズ地方の「コラクル」と呼ばれるボートに見られる。北アメリカ先住民も、ピッチの価値を間違いなく知っていた。デヴィッド・ダグラスは、カバノキの樹皮で作ったカヌーについて、その継ぎ目は「松脂で丁寧にふさがれていた」と書き記している。[23]

プリニウスは、最初に流れ出る液状のピッチは、船の索具に使われたと記録しているが、古代世界の木造の船はコーキング［防水性を高めるために、継ぎ目や隙間を充塡剤で埋めること］が必要のない方法で建造されていた。それでも、防腐剤としてピッチを船体に塗っていた。そのため、ギリシア人が「生きたピッチ」と呼んだ製品が生まれた。航海に出る船のピッチをこすり落とし、ろうと混ぜ合わせたものだ。これが、一般的なピッチより応用の幅が広く効果も大きいとみなされ、[24]近世初期にはゾピッサ（zopissa）という奇妙な名前で世界に広まり、形を変えながらではあるが、17世紀に入ってもまだ需要があった。ポメはこう述べている。

古代人がゾピッサと呼んだ、別の種類の真っ黒なピッチがある。これは正しくは、船乗りたちがピッチとタールと呼ぶもので、船の塗装に使われた。このゾピッサは、黒いピッチ、ロジン、

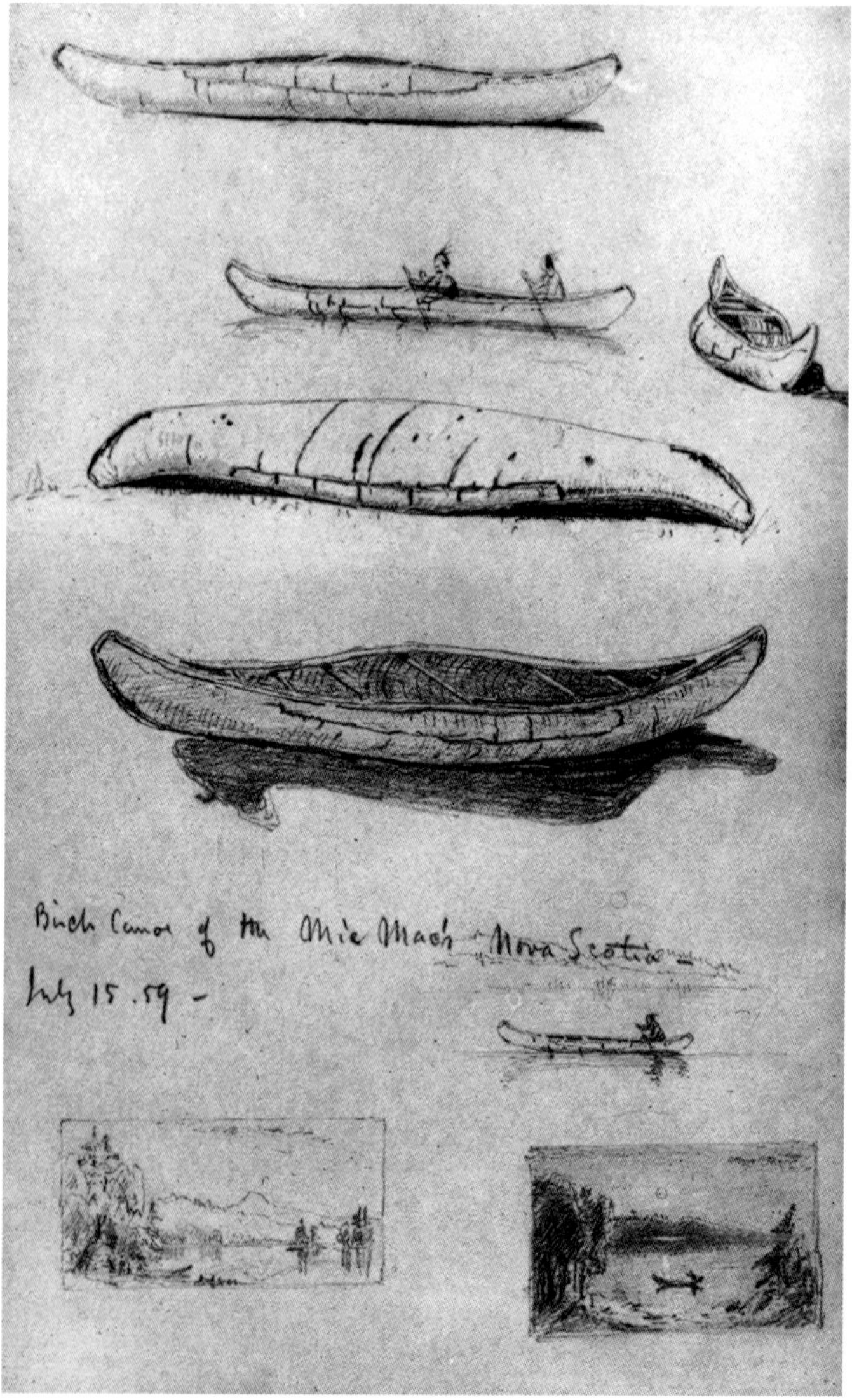

サンフォード・R・ギフォード「ノバスコシアのミックマック族のバーチ・カヌー」(1859年、紙に鉛筆)。簡素で軽量のこのボートはカバノキの樹皮で建造され、松タールを接着剤として、また継ぎ目の防水処理用にも使った。

米海軍のナイアガラ号の木製の甲板で、オーカム（古い麻布などをほぐしたもの）を詰めた板の継ぎ目を熱した松タールで封じている。

スエット［牛脂または羊脂］、タールを混ぜて溶かしたもので、本物の「シップ・ピッチ（船用ピッチ）」として売っている。薬剤師たちも必要なときには薬剤の配合にこれを使った。[25]

古代世界の航海にどのような役割を果たしたにせよ、ピッチは中世後期から近代初期にかけてのヨーロッパでどんどん価値を増していった。船をピッチでコーキングすると、航海の期間を延ばせたからだ。13世紀後半に、イギリス出身のフランシスコ会士バルトロマエウス・アングリクスが概論書『事物の特質について』のなかで、2種類のピッチに言及した。その一方が「シップ・ピッチ」と呼ばれたものだ。船は「水が船のなかに入ってこないように」処置を施された（オックスフォード英語辞典より）。彼は、ギリシアではピッチが大量に出まわっていたとも記している。ピッチはコーキングした継ぎ目を封じ、船の木材やロープ類を長持ちさせた。

ポーツマスの王立海軍博物館の所蔵品に、これといって特徴のない長さのロープがある。一方の端がすり切れ、こげ茶色をして、部分的にわずかに脂っぽい黒い物質で覆われている。ヘンリー8世のお気に入りだった戦艦メアリー・ローズ号が1545年に沈没してから、その残骸が1980年代に発掘されるまで、このロープは空気にふれることなく海底の堆積物の下に埋もれ、ピッチと松タール両方のにおいを驚くほどに保っていた。

人間と松の関係史においては、15世紀の大航海と植民地拡大の時代から、蒸気機関の発達と鉄の船の出現まで、松と松由来製品は、とくに18世紀から19世紀にかけての海洋国家間の同盟が次々と移り変わる時代には、経済と政治に欠かせない役割を果たした。松のピッチまたはタール、テレビン油とロジンは、どれも木造の船の必需品だった。そのため、西ヨーロッパの貿易国家の海運力が成長するとともに重要性が増した。生産地域にとっては貴重な収入源となり、政治的駆け引きにも利用されるほどだった。

近代初期のヨーロッパでは、スウェーデン製のピッチの樽が北海周辺やオランダ、イングランドなどで取引された。これらの国では天然の松の森が枯渇し、もはや自前のピッチを供給できなくなっていた。換金作物だったピッチには、スウェーデン北部のそれぞれの原産地にちなんだ名前がつけられていた。ピッチは1648年に設立された北スウェーデン・ウッドタール会社の独占販売商品になり、スウェーデン国王によって輸出特権が与えられた唯一の商品だった。[26] そのため良質のピッチは、フィンランドやロシア産の質が劣るピッチと区別するため、「ストックホルム・タール」として知られるようになった。この独占状態は松タールの価格を押し上げ、1689年から1699年のあいだに価格は倍になっている。[27] 国家間の同盟、コストと税体系が、17世紀から19世紀までのヨーロッパにおけるスウェーデン製ピッチの利用法に影響を与えた。船舶必需品（naval stores）の新たな供給源の出現による影響もあった。

イギリスは、北アメリカの森林は船舶必需品の供給源となる、と当初から狙いを定めていた。1704年の「アメリカからの船舶必需品輸入奨励法」は、海軍がタール、ピッチ、テレビン油、ロジン、ヘンプ、帆柱や帆桁の木材の購入に大金を支払うことを認めたものだ。しだいにイギリスは他のヨーロッパ諸国への船舶必需品輸出国となり、スウェーデン製品の価格を押し下げていった。[28] 18世紀を通して、ノースカロライナの農業に適さない土地に育つダイオウマツの広大な木立は、貴重な松脂製品の産地となり、スウェーデンとその近隣国に取って代わる存在になった。しかし、18世紀後半にアメリカ独立革命という形で政治的変化が起こる。イギリスは、ナポレオン戦争に巻き込まれて海上での戦いが多くなると、再びバルト海からの供給に頼らざるをえなくなった。

松タールの需要はとてつもなく大きかったにちがいない。1805年のトラファルガーの海戦のとき、ネルソン提督の旗艦ヴィクトリー号は、42キロメートル分の索具を積んでいた。このうち約10パーセントは、保存料として松タールを塗った「直立するロープ」だった。ヴィクトリー号は当時の最大級の船だったが、すべての種類の船に松由来製品は不可欠だった。それは、軍艦でも、東・西インド貿易船でも、無数の小型商船や漁船でも変わらない。そしてイギリスだけでなく、北ヨー

英国海軍「ヴィクトリー号」の静索（帆柱を両側から支えるロープ）。帆船で使うこの種のロープは、松タールを塗って海水から保護した。

ロッパ、地中海、南北アメリカの海洋国家すべてに必要とされた。

結果として、製造または貿易を通してピッチやタールの供給を支配することが、政治的権力の獲得につながった。ピッチは木材とロープの防水処理と保存に欠かせない。そのため、どの船もピッチの入ったやかんを必ず装備していた。船員が松タールをさらに煮詰め、索具に塗ったり、船体の厚板の継ぎ目のコーキングを補強するために使った（この作業のために、イギリスの船乗りはジャック・タールの俗称で呼ばれるようになった）。さらには、キャンバス地を防水処理して、防水シートを作った。

しかしピッチとタールの需要は19世紀に入って徐々に減り始める。鉄の船体の蒸気船が木造の船に取って代わり、ピッチやタールを使う必要が減ったからだ。さらには競合製品として、石炭を蒸溜するとできるコールタールが使われ始めた。同時に、松由来製品、とくにテレビン油とロジンの新たな市場が発達した。

テレビン油用の樹脂は、産業革命以前の時代にはつねに生木から採取していた。テルペンチン(turpentine、英語では最初のうち terebentine とされていた)という語は、テレビンノキ(*Pistacia*属)に由来する。これは松とは系統が異なる木で、地中海東部沿岸地方を原産とする。もともとテレビン油は、このテレビンノキの非常に貴重な樹脂を意味していた。これはいまでも、キオス島のキプロス・テレビンまたはキオス・テレビンとして入手できる。17世紀までには、テレビン油の名前は、松、モミ、カラマツを含む針葉樹由来の製品にも使われるようになった。ピッチやタールと同じように、テレビン油は品質に幅ができやすく、その質はある程度まで産地と生産者に左右された。ピエール・ポメは質のよいテレビン油のひとつとして、キオスのテレビン油を挙げた。

(ほかには)松の木から採れるテレビン油と、ボルドーのテレビン油。それ以外にもいくつか商店で目にするものはあるが、不純物の多さを考えれば、明らかに間違った名前をつけている。[29]

そして、「本物のヴェネツィアのテレビン油」、キプロスとピサのテレビン油、オランダで頻繁に売っていたストラスブールのテレビン油があった。フランス南西部産のテレビン油は最高品質とはいえなかったようだ。それは、「ごく普通のテレビン油で、誰かがバイヨンヌ・テレビン油またはボルドー・テレビン油の名前をつけた。ボルドー、ナント、ルーアン産で、ハチミツのように白くどろっとしている」。これは松の木が分泌する「白く硬いロジン〔松脂〕」から作られる、ギュイエンヌ産のガリポ(galipot)のことだ。ギュイエンヌは産業革命以前の時代のフランス南西部の地方名で、時代によってその範囲は変化した[30]。

1831年、ジョン・デイヴィーズは多くの種類のテレビン油を記録している。ヨーロッパアカマツから採れる一般的なテレビン油、フランスカイガンショウから採れるボルドー・テレビン油、「トウヒ……ヨーロッパモミ」から採れるストラスブール・テレビン油、カラマツから採れるヴェネツィア・テレビン油。デイヴィーズは、ポメがその150年前に書いたときにはおそらく手に入らなかっただろうふたつのテレビン油についてもふれている。ひとつは彼がテレビンサ・カナデンシス（Terebintha canadensis）と呼んだアメリカモミから採るもので、もうひとつの「アメリカ・テレビン油は、ダイオウマツ、リン（*lin*）、オーストラリアマツ（*Pinus australis*）、おもに南部州に生育するミショー（*michaux*）から豊富に供給された[31]」

針葉樹のテレビン油は、正規の蒸溜プロセスを通して製造する、香りのよい無色の液体で、溶剤として使われることが多い。専門用語ではテルペンチン油として知られる。ポメはこう書いている。

水のように白く透明で、鼻をつく強いにおいがする。だが、これはとんだ食わせ物なので扱いには注意が必要だ。引火の危険があり、利益は少ない。それが、この製品で商売をしようとする者が少ない理由なのだ[32]。

ニコラス・ミロフの著作は、松脂の揮発性成分の化学的性質について細かく分析している。彼は、20世紀に入ってからテレビン油という語がいくぶん無造作に蒸溜液全般に用いられるようになったが、生産者によって濃度はさまざまだった、と指摘する。テレビン油は当時から高価な製品だったが、それはいまも変わらない。

生木から採取した松脂を蒸溜してテレビン油を最初に作ったのが、どの時代だったかはわからない。アルコールの蒸溜は、紀元前の終わり頃の世紀に行なわれていた「ディオニソスの秘儀」でワインを使ったことが起源とされる。[33] しかし、単式蒸溜釜とワーム（冷却用のコイル状のパイプ管。どちらもテレビン油を含む多くの物質の蒸溜に欠かせなかった）の発達は、基本的には中世初期に広まった錬金術の探究の産物だった。不老不死の薬への欲求が、多くの発見につながった。樹脂も、数知れない他の有機、無機の物質と同じように、これらの実験に使われたと考えるのが妥当だろう。

単式蒸溜釜は19世紀に入っても使われ続けたが、この釜は危険だった。温度管理が重要で、最適な結果を出せる温度の幅が184～200℃とせまかった。蒸溜中に主要部が冷えると蒸気が内部にこもり、沸騰して吹きこぼれる危険があった。あまりに急速に熱すると、蒸気が大量に出すぎる。どちらも悲惨な火災につながるおそれがあった。蒸溜プロセスがうまくいくかどうかは蒸溜者の技術と経験にかかっていた。彼らは蒸溜液を見て質を判断し、ワームの端から出る音を聞いて、松脂の沸騰具合を推測した。[34] 松脂に水を加えるとプロセスが改善する。テレビン油の蒸溜は、19世紀半ばに産業革命の時代へ移行すると、蒸溜釜に温度計がつき、標準的な手順が定められ、連続式蒸溜器も設計された。

19世紀のテレビン油産業の発達は、アメリカ南東部の松の天然林に大々的な開発をもたらした。その手始めがノースカロライナ州のダイオウマツの森だった。すでに18世紀から「松の森」は木材、

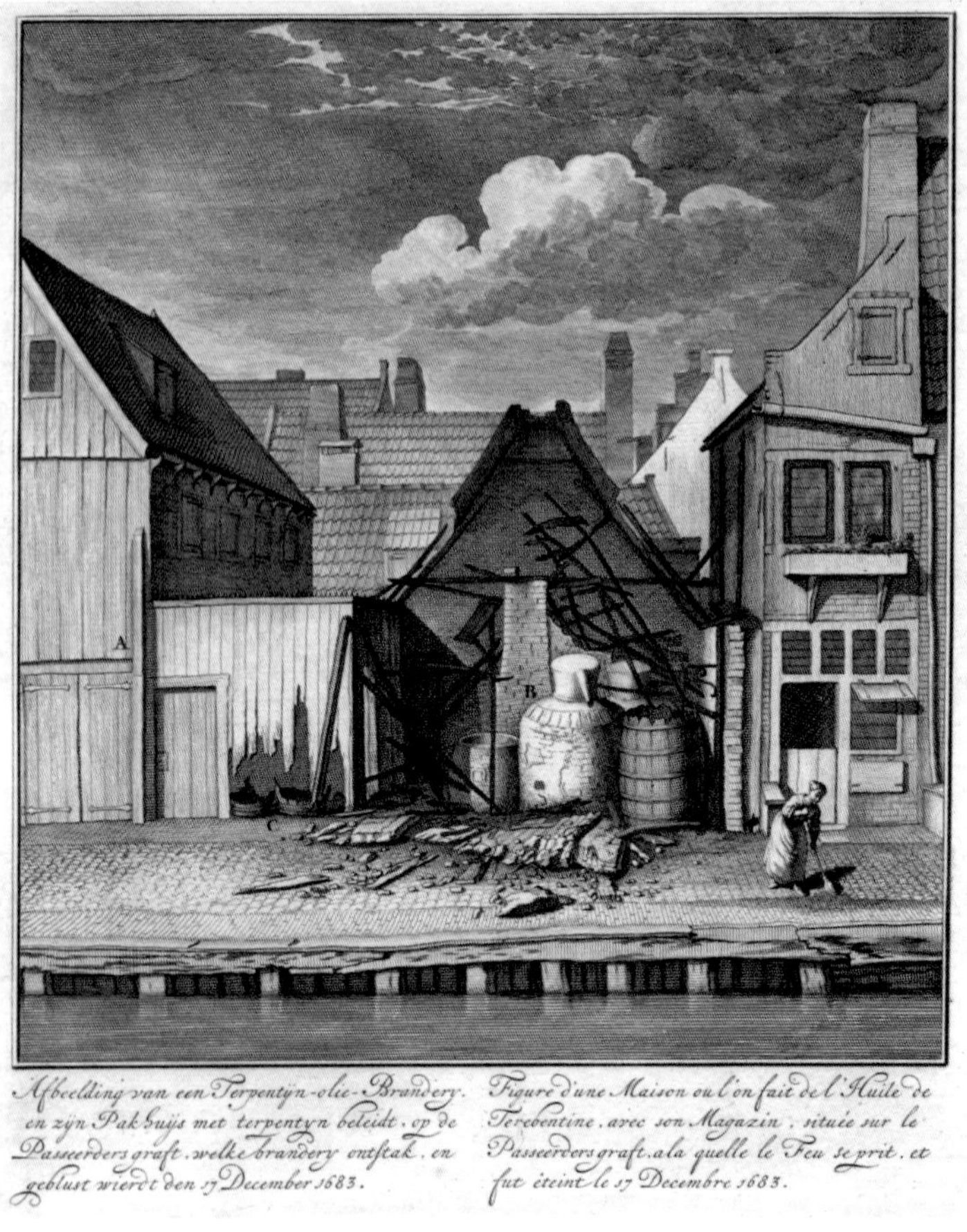

ヤン・ファン・フィアネンによるヤン・ファン・デル・ヘイデンの「アムステルダムのパサエールダースグラハト運河沿いのテレビン油蒸溜所の廃墟、1683年12月17日」の複製（1690年頃／銅版画）。テレビン油の蒸溜所には火災や爆発の危険がつねにつきまとった。

ピッチ、タールを目的とした開発が進んでいた。1830年代まではテレビン油の利益性が高まり、輸送や技術の改善で産業は拡大した。しかし、その開発は森を破壊するようなやり方だった。[35] いわゆる「ボクシング（箱入れ）」によって木から樹脂を採取したのだ。この採取法は、木の根元近くの樹皮と辺材をいくらか取り除き、くぼみを作って樹脂をためるというものだ。まず、くぼみから数センチ上の部分まで、樹皮を特徴的なV字型に取り除く。この「猫の顔」のような浅いV字になった切り込みから傷ついた松が分泌する樹脂が流れ出すので、これを箱のなかに集める。地元ではゴムと呼ばれたこの樹脂を樽に入れ換え、近くの蒸溜所に持っていってテレビン油を抽出するのである。木の表面からかき集めた松脂（乾燥しているもの）も売られたが、この「こすり取ったもの」は液状の松脂よりも質が劣った。

松脂採りの仕事は労賃が安く、大金を稼げるのは広い面積の樹林を管理できる者だけだった。人口が少ない森林地帯での「テレビン採り」は、当初は奴隷労働に頼っていた。ノースカロライナ州で活動していたジャーナリストで、造園家でもあったフレデリック・ロー・オルムステッド（1822〜1903年）は、次のように述べている。

雇われた黒人たちは非常に賢く、陽気だった。道徳心においても、知性においても、彼らはテレビンの森に住む大多数の者より明らかに優れていた。[36]

奴隷たちは松脂の採取と運搬という、ねばついて汚れやすいだけでなく、孤独な作業に励んだ。

幹の上の半分癒やされた傷が、V字型の「猫の顔」に見える。この木から松脂が採取されていたとわかる。

1930年代のフロリダのテレビン油の蒸溜釜。持ち主がＳ字形管に向き合っている。この管は蒸溜釜の上部から出る蒸溜液を壁の向こうにあるコイル状の凝縮管に送る。

貧しい白人もテレビン採りで働いた。その一部は、人里離れた土地で、森林が与えてくれる小規模な収穫の機会を重んじた、スクワッターと呼ばれる不法占拠者たちだった。

厖大な松脂が採取され、テレビン油は比較的価値が高かったので、輸送力が増すと、この産業は大きく成長した。しかし松林は乱開発のため、19世紀後半には枯渇状態に近づいた。森林を破壊せずにすむ採取方法が試されたもののうまくいかなかった。ボクシングではなく切り株からピッチとテレビンを採取できるようになったが、やがて切り株そのものが使い果たされてしまった。製材業者と船舶必需品の生産者が木を奪い合うようになった。業界はその存続の基盤となる森林自体を失うと、南部のアラバマ、ミシシッピ、フロリダなど、まだ手つかずの広大な松林が生い茂る土地へと移っていった。現在のノースカロライナ州には、かつて3700万ヘクタールあった松の天然林のうち、３９００ヘクタールほどしか残っていない。[37]

森への負担が少ないテレビン油の抽出方法は、19世紀のフランスで発達した。ボルドー南西のランド地方では、18世紀に砂丘を安定させる目的でフランスカイガンショウが植林されていた。これは、ナポレオンとその後継政権が奨励した政策だった。松脂は、木の根元に小さな切り込みを入れ、溝に沿って松脂が流れ出るのを金属あるいは粘土の容器で集めた。お金と労力はかかるが木への負荷が少ないこの方法は、高品質の製品を生み出した。この方法はアメリカ東部でも取り入れられるようになったが、20世紀はじめには、ランド産の松脂と、アルジェリア植民地のアレッポマツの森から採取したピッチを使ったフランス産の船舶必需品が世界の市場を支配した。また、ソ連、ギリシア、スペイン、ポルトガルなどのヨーロッパ諸国も、松脂の供給源として台頭してきた。

松から松脂を採取するのは、労働集約的な作業だ。１９９０年代までには、生産の主役は南米諸国に移り、移入されたスラッシュマツなどの木を使った。だが南米でのコストが増加すると、生産拠点は東南アジアと中国へと移った。東南アジアではメルクシマツが使われる。中国ではいくつかの種が使われるが、とくに重要なのは馬尾松《ばびしょう》だ。インドではヒマラヤマツも使われる。「伝統的」な西洋の生産国のうち、世界市場で重要な地位にとどまったのはポルトガルだけで、ロシアなどいくつかの国も生産は続けているものの、ほぼ全面的に国内で消費されている。[38]

テレビン油はピッチと同じくらい役に立つ。歴史的には、毒性があるにもかかわらず、薬として使われることが多かった。ポメは次のように述べている。

どのテルペンチンも、豊富な油分、揮発性の酸、あるいは塩のエキスを含む。食欲増進効果が高く、結石、疝痛、腎臓と膀胱の潰瘍、尿の滞留、淋病の改善に効果がある。〔中略〕〔ただし〕尿にスミレのようなにおいを与え、頭痛を引き起こす場合もある。[39]

厖大な日記を書き残したことで知られる17世紀のイギリスの官僚サミュエル・ピープスは、腎臓結石で苦しんでいた。彼はテレビン油が薬として役に立つと気づいたひとりだった。1664年1月1日の日記には、ある医師と夕食の席で交わした会話について書いてある。「その医師との話はじつによろこばしいものだった。結石について、そして何より、すばらしいテレビン油の効用についての話だった。医師は私に、錠剤にすれば楽に摂取できると教えてくれた。そこへ、白鳥で作ったホットパイが私たちのテーブルに運ばれてきた[40]」

テレビン油には危険もあった。ジョン・デイヴィーズはそれについて警告している。

大量に体内に入ると、最初に吐き気、嘔吐、激しい下痢を引き起こし、その後、成分が吸収されると、体全体が興奮状態になる。脈拍が速くなり、皮膚が熱をもって赤くなり、頭痛やめまいに襲われる。

先人たちと同じように、デイヴィーズはテレビン油がとりわけ、尿路の問題に効果があるとすすめている。

慢性的な膀胱炎の最終期に摂取すると非常に効果がある。〔中略〕傷や潰瘍を消毒する外用薬として頻繁に使われる。数多くの軟膏や刺激性のある湿布薬の成分に含まれる。[41]

テレビン油のもうひとつの重要な用途は、溶剤としての利用だ。住宅の塗装業者、画家、馬車製造業者、家具職人などがそれぞれの理由でテレビン油を使っていた。テレビン油は油ベースの塗料を薄めたり、塗装に使うブラシを洗浄したりするのに役立った。楽器や家具作りの職人や画家など、ニスを使う必要がある人たちにとっては、テレビン油と松脂はどちらも、ゴム、溶剤、ワックスなどと組み合わせて使う必需品だった。具体的な材料や配合の割合はしばしば秘密にされたので、たとえばバイオリンの音色に大きな違いが出た。一般的な松脂は印刷用インクを作るためにも使われ、蹄鉄工は松脂とテレビン油を一緒に溶かして粗悪なニスを作った。「しかし、この組み合わせは火災を引き起こす危険があるため、こっそり作るか、目立たない場所で作ることを強いられた」と、ポメが書いている。[42] 19世紀半ばの北アメリカでは、テレビン油はヤシ油と呼ばれたランプ用燃料の成分として、また、生まれたばかりのゴム産業でも溶剤として使われるようになった。

テレビン油を蒸溜したときにできる残留物のロジンは、透明で硬くてもろい、一定の形をもたない固形物だ。比較的低温で簡単に溶ける。色は不透明に近いこげ茶から、最高品質の透き通った淡黄色まで幅がある。何世紀ものあいだ、テレビン油に比べると応用の幅がせまく、その価値は変動した。もっともよく目にする使い方は弦楽器の弓の潤滑剤だ。これを使うと弓が弦をしっかりととらえることができ、音がよくなる。大きい楽器ほどやわらかいロジンを必要とした。19世紀に入ってからの、もうひとつのあまり目立たないロジンの用途は、装飾品の成型に使う木型に詰める、石灰ベースの合成物の一材料としてだった。

ノースカロライナでテレビン油の蒸溜が始まった初期の時代にはロジンの価値はほとんどなく、廃棄場や湖に捨てていた。その後、ニスやせっけんの製造に使われるようになったが、1820年代に画期的な使い道が見つかった。当時の製紙業者が、紙にロジンを塗って水を吸いにくくしたのである。製紙産業の発達とともに、ロジンのこの利用法も広まった。それにともなって価値が上がり、やがては輸出されるまでになった。廃棄されていたロジンを再活用するという動きはアメリカ南北戦争の終わり頃から20世紀に入っても続いた。[43]

松由来製品の伝統的な使い道、たとえば、咳止めなどの用途は現在も残っているが、20世紀になって石油化学製品が取って代わったものもある。その一方で、新たな市場も生まれた。1980年代にCDに移行するまで、ロジンから作る製品がビニール盤（レコード）に使われていた。

科学的実験やその他の研究で、松脂の化学的性質は松の種類によって大きな違いがあるとわかった。ニコラス・ミロフにとってもそれが大きな研究テーマのひとつだった。ミロフによれば、アメリカ南北戦争の頃にカリフォルニアで松脂の蒸溜が始まると、予想外の危険な事故を引き起こしたという。松の種類を正確に見極めることが重要だった。ポンデローサマツの松脂は安全に蒸溜できる。ところが、見かけがよく似たジェフリーマツの松脂は、引火しやすい炭化水素ヘプタンを含む。ヘプタンはガソリンの成分で、ガソリンエンジンの「ノック性」［ノックとはガソリンエンジンなどの火花点火機関において起こる異常燃焼］を高めてしまう。蒸溜業者はこの2種類の松を混同することがあった。ジェフリーマツの松脂を入れた蒸溜釜は、「ガソリンタンクの真下で火をおこす」ようなものだった。ミロフは、ジェフリーマツはときには「ガソリンの木」と呼ばれ、その松脂から抽出したヘプタンがガソリンの質の向上に寄与したと説明した。[44]

著述家はつねに船舶必需品の危険に言及する。これらは多くの火災を引き起こしてきたはずだ。そしておそらく、歴史上空前の大火のひとつに数えられる大火災の原因になった。17世紀のロンドンは船舶必需品を詰め込んだ多くの商店がひしめく巨大な港であり、ジョン・イーヴリンを心配させていた。1666年9月5日、彼は自分の正しさを証明するため、日記にこう書き記している。

石炭と木製の波止場、油とロジンなどがある火薬庫が、計り知れない被害をもたらした。私がその少し前に国王陛下に進言し、文章でも発表した、これらの店の存在がこの町に災禍をもたらすだろうという警告は、予言とみなされた。

「ロンドンの大火」は、最終的には自然に鎮火したが、ロンドンの町の広範に及ぶ地域、そして大量の船舶必需品を焼きつくした。[45]

ピッチ、テレビン油、その他の松由来製品を抽出する方法は、19世紀後半に大きく変わった。その理由のひとつは、新しい製紙法が発達したからだ。松由来の製品は、最初は切断した木材から直接蒸溜していたが、のちには紙・パルプ産業の副産物になった。クラフトプロセス法（水酸化ナトリウムと硫化ナトリウムを使う製紙法）による製紙工程のあいだに、トール油と呼ばれる副産物が

ロジンを容器に注いで固める。1950年代、フランス。

できる。この名前はスウェーデン語で「松の油」を意味する tall olja に由来する。「樹脂酸と脂肪酸（おもに不飽和酸）に不鹸化物《ふけんかぶつ》を混ぜたもの」[46]で、さらに加工して利用する。この松の油は、「良質の乳化剤、優れた溶剤、効果的な殺菌剤になる。〔中略〕不純物を浮かせて取り除くための効果的な起泡剤《きほうざい》にもなる」[47]。クラフトプロセス法には多くの恩恵があることが指摘されている。副産物を燃やすと発電に使えることもそのひとつだ。しかし、気体状の硫黄混合物も生成されるため、ひどく不快なにおいも出る。

　最近まで、生木の松脂から作るゴム製品は、トール油製品より質がよいと考えられていた。トール油はしばしばにおいが問題になり、結晶化しやすい。17世紀半ばまでにドイツで発達したコールタールの蒸溜も1845年以降に急速に広まり、その派生製品が松由来製品に取って代わった。

　ロジンとテレビン油の伝統的な使い道――せっけん、紙の防水、塗料、ニス――は、いまでも発展途上国では重要だが、現在先進国では化学産業の重要な原料としての側面が強い。ともに化学的に複雑で、多くの成分に分解できる。近代的な産業でのロジンの紙の防水能力は、まだまだ利用されている。接着剤、印刷用インク、フラックス（融剤）、錠剤薬の表面のコーティング、チューインガム、合成ゴム、合成洗剤の成分、等々。テレビン油から抽出されるαピネンとβペネンは、香料、香味料、ビタミン、合成樹脂に使われる。テレビン油は分溜《ぶんりゅう》［蒸溜の一種］でさらに加工され、シトロネロールとメントールなどの成分は、香料や香味料に使われる。[48] しかし、殺菌剤に独特の松のにおいを加えているのは、もうひとつの派生製品である合成のパイン油だ。

第4章　木材と松明

レーヨンは松材から作られる。紙やボール紙、合板、マッチ棒、だぼ、厚板、あらゆる種類の安価な家具やキッチンの建具もそうだ。松材の根太《ねだ》が床を支え、松材の柱が電話線をつなぎ、松材のパレット（荷役台）が倉庫のなかの物品の整理を助ける。松材は木箱のほか、さまざまな小型の家庭用雑貨の材料に使われる。人間にとって松材は、温かさ、光、木炭を意味してきた。小枝、葉、樹皮、根にも、多くの使い道が見つかった。松の木のあらゆる部分が、どの時代にも、世界中のどこかの文化で何らかの使い方をされてきた。このテーマは非常に幅が広く、記録として書き残されているのはほんの断片にすぎない。

松は軟材であり、落葉樹の硬材よりも（たいていは）扱いやすい。また、ピッチが天然の保存料になるため腐敗しにくい。マツ属のなかでは、*Strobus* 亜属の種は「ソフトパイン」、*Pinus* 亜属の種は「ハードパイン」とも呼ばれる。材質の相対的な違いによるものだが、松に関しては何でもそうであるように、この区別にも例外はある。

産業用の松材。トラックの荷台に積んだ丸太を加工工場へ運ぶ。

「pine」という語は、松にかぎらず針葉樹の木材全般に対して慣用的に使われる。1866年、植物学者のジョン・リンドリーとトーマス・ムーアが、pineという語は「とくにストローブマツの木材に対して」使われ、「バルティック、リガ、ノルウェー、レッド、メーメル・パインと呼ばれるのは、ヨーロッパ北部に生育するヨーロッパアカマツの木材である」と指摘した。[1] 後者は「赤松材（red deal）」、または、バルト海のクリスチャニア港（現在のオスロ）から船で運ばれたため、「クリスチャニア松材（Christiania deal）」とも呼ばれた。イギリスにおける木材の取引では、現在でもヨーロッパアカマツを指す名前として「赤松材」が使われる。しかし、白っぽい「バルティックパイン」はノルウェー産のオウシュウトウヒ（学名 *Picea abies*）の取引名で、ホワイトウッドとも呼ばれる。[2]

「deal」は木材の貿易用語から派生したドイツ語起源の言葉（羽目板を意味する wainscot も同様）で、

のこぎりで切断した木材を意味する。deal は種類ではなく大きさを表し、その木材が少なくとも長さ3660ミリ、幅180ミリで、厚さは80ミリを超えないことを表す。特別な用途、たとえば船の帆柱に使う木材には一定の特性が求められるが、そうでなければ松は松であり、手軽に伐採できる産地から運ばれてくる木材は、どの種類のものでも取引された。

北アメリカと西ヨーロッパのもっとも一般的な松については、貿易関連の用語に数多くの同義語が生まれた。1900年に『植物名辞典』を刊行したA・B・ライオンズは、ダイオウショウに分類される松として、たとえば次のものを挙げた。

ジョージアマツ、サザンパインまたはヌママツ、ブルームパイン、フロリダマツまたはバージニアマツ、ジョージアまたはテキサス・イエローパイン、サザンまたはイエロー・ピッチパイン、サザンハードパイン、ロングストローパイン、ターペンタインパイン、イエローパイン、ホワイトロジンツリー。[3]

木材貿易に携わる者たちでさえ、こうした数え切れない名前をもてあました。『アメリカの製材業者と建材販売業者 *American Lumberman and Building Products Merchandiser*』という定期刊行の業界誌は1909年の記事で、「ウエスタンパイン」と「ウエスタンホワイトパイン」という語をめぐる混乱を嘆いている。ウエスタンパインまたはウエスタンイエローパインとはポンデローサマツ（学名 *Pinus ponderosa*）のことだが、同じ木を指す名前として、カリフォルニアホワイトパイン、ウエ

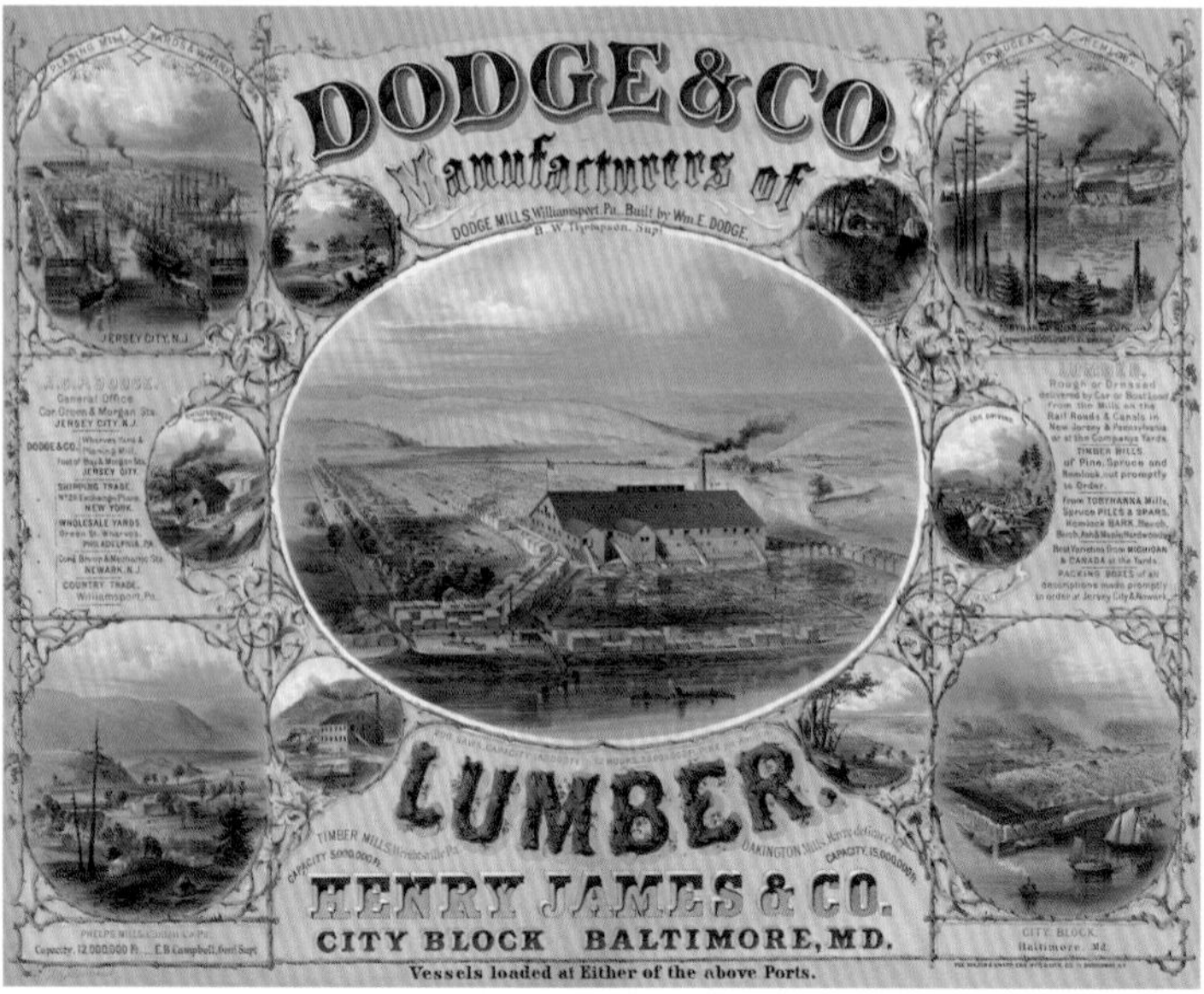

製材会社ドッジ＆コーの19世紀末の広告。北アメリカの木材貿易は、19世紀初期以降、最初は水を使って、のちには蒸気の力を使って、広大な森林を容赦なく伐採した。

スタンホワイトパイン、ナバホホワイトパイン、ウエスタンパイン、パンハンドルパイン、アイダホホワイトパイン、さらには、「有名なルッキンググラスパイン」というものまでが、この業界誌の同じ号のなかに見つかっている。[4]

松材の商品名は21世紀になっても、まったく整理されていない。アメリカで使われる「SPF」の頭文字は一般的な木工用、実用的用途の製材を意味し、「Spruce（トウヒ）－Pine（マツ）－Fir（モミ）」を表す。植物学者たちが苦労して積み重ねてきた樹木の区別は、製材業界の必要のために再びあいまいになった。実際的な見地からすると、おそらく種の特定は重要ではない。古くから、人々は手に入るものなら何でも使ってきたはずだ。種や原産地による特有の性質について知るのは、木工職人だけだった。

植物学的な興味をもつのは、種類や地域が異なる木材の質についての見解を熱心に文章にする人たちだったようだ。造園家のジョン・クラウディス・ラウドンは、『英国の樹木と低木』のなかで、生育地の異なるヨーロッパアカマツの違いに言及した。

やせた土壌、たとえば砂地に生育する松は高木になりがちで、その木材は白く、ほとんど樹脂を分泌せず、耐久性が乏しい。一方、寒冷地の肥沃な土壌に育つ松の木材は赤く、重く、耐久性に優れている。[5]

対照的に、ヨーロッパハイマツの木材については、一般に樹高が低く、甘い香りがあり、やわらかく、きめが細かい、と述べている。「建具にするには非常に価値がある。細工がしやすく扱いやすいからだ。〔中略〕色は好ましいライトブラウンで、香りも豊か。〔壁や天井に貼る〕羽目板用によく使われる」。簡単に切ったり彫ったりできるので、スイスの羊飼いたちは「ひまな時間にこの木材から人や動物をかたどった小さな木像をたくさん作り、町で売った。それがヨーロッパ中に広まっていった」[6]。ヨーロッパハイマツは、ウッドターニング〔木工旋盤という機械を使い、木材を回転させながらさまざまな形を削りだすこと〕にも使われた。

松の木の有用性はしばしば称賛された。17世紀にはジョン・イーヴリンが、「柱頭《ちゅうとう》や花綱《はなづな》装飾、塑像《そぞう》」の彫刻にも適している、と述べた。彼はほかにも松材の多くの使い道を挙げている。箱、樽、

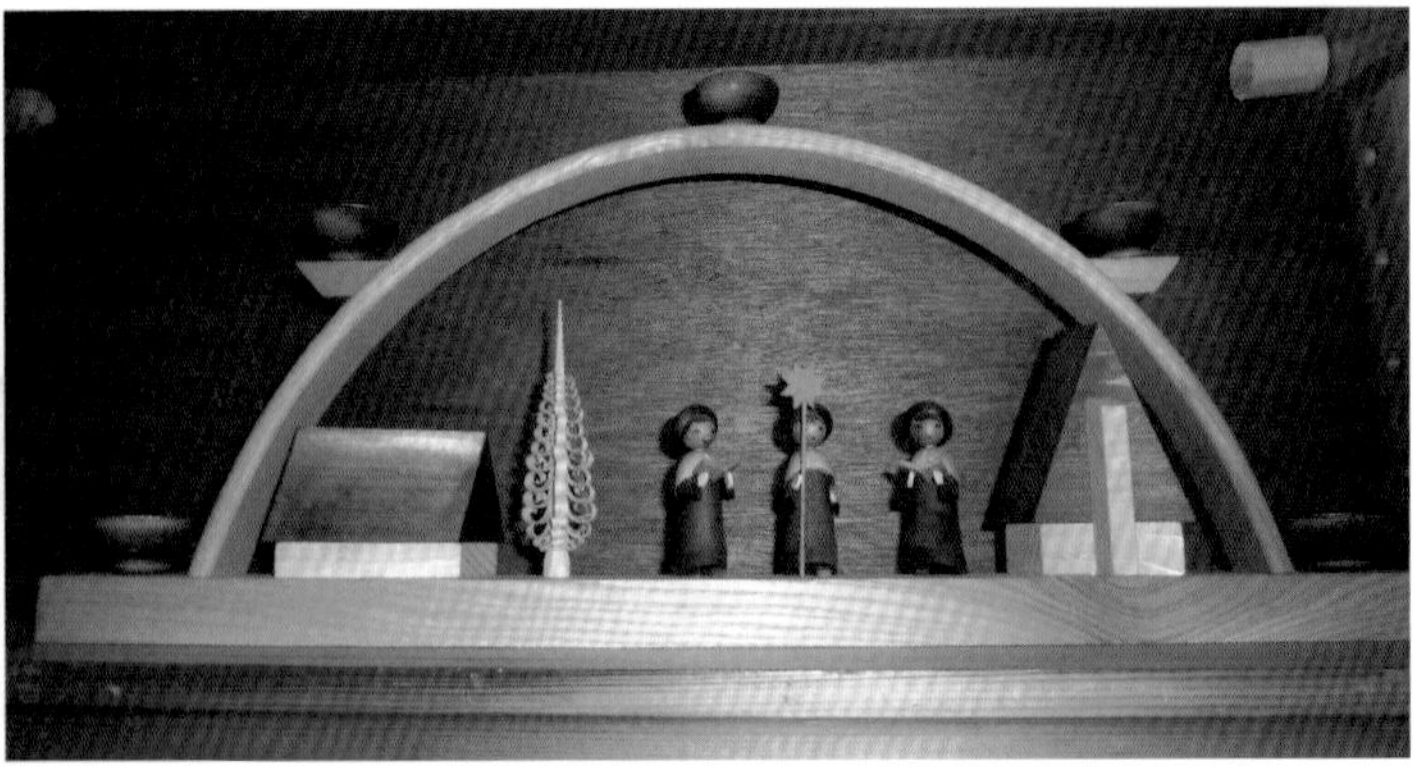

松製のおもちゃ

20世紀初期のノルウェーで使われた、tine と呼ばれる松製の保存容器

ものために描かれた愛すべき名作たち

界で読み継がれる子どもの本100

コリン・ソルター／金原瑞人＋安納令奈訳

19世紀に刊行された古典的作品から、永遠の傑作、長く読み継がれてきた童話、映画化されたYA小説、21世紀のダークファンタジーまで、将来に残したい本、時代を代表するベストセラーなど100点を初版本を含む書影とともに紹介。

A5判・2800円（税別）ISBN978-4-562-05794-8

「バーフバリ」や人気のRPGの想像力の源泉の神話

ド神話物語 ラーマーヤナ 上・下

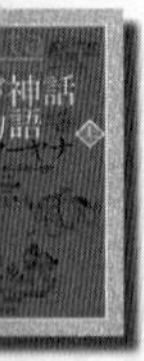

デーヴァダッタ・パトナーヤク／沖田瑞穂監訳／上京恵訳

『マハーバーラタ』と並ぶインド神話の二大叙事詩『ラーマーヤナ』の物語を再話し、挿絵つきの読みやすい物語に。背景となる神話やインドの文化をコラムで解説。ラーマーヤナ入門として最適の一冊。

四六判・各1900円（税別）（上）ISBN978-4-562-05863-1
（下）ISBN978-4-562-05864-8

でも「映える」と話題のファンタジック・レシピ集第二弾

法使いたちの料理帳Ⅱ

オーレリア・ボーポミエ／田中裕子訳

チェシャ猫の舌、ドビーのクッキー、不死の秘訣、ガンダルフ・ケーキ……「読んで見て食べるファンタジー」第二弾！『ホビット』から『チャーリーとチョコレート工場』『ファイナル・ファンタジー』にジブリ映画まで、色鮮やかで「映える」マジカルスイーツを中心に雰囲気たっぷりの写真とともに！

B5変形判・2400円（税別）ISBN978-4-562-05860-0

さんの方からのリクエストにお応えして新装版として刊行！

界香水ガイドⅡ★1885

「匂いの帝王」が五つ星で評価する

ルカ・トゥリン、タニア・サンチェス／芳山むつみ訳

表現しづらい香りを匂いの帝王とも呼ばれる嗅覚研究家の著者らが、ウィットと愛情に富んだ言葉を駆使して批評。類いまれな知識と経験に基づいた文章は新しい香水との出会いのみならず、現代香水の辞書としても活躍するだろう。2010年12月刊の新装版。

A5判・2400円（税別）ISBN978-4-562-05872-3

はいかに化石とともに進化したのか。驚きの足跡を追う。

化石の文化史

神話、装身具、護符、そして薬まで

ケン・マクナマラ／黒木章人訳

先史時代から中世まで、科学的な価値を見出す以前から人間の心を捉えてきた化石。化石が石器をファッション化し、多くの神話･伝説を生み、装身具、護符、薬として、重要な役割を担ってきたことを古生物学者が解き明かす。

四六判・2500円（税別）ISBN978-4-562-05885-3

は「死」をどのように考え、弔ってきたのか

「死」の文化史

マイケル・ケリガン／廣幡晴菜、酒井章文訳

「死」とは何か。人はいつ、「死んだ」と見なされるのか。古代から現代にいたる死生観と弔いの歴史と変遷を、世界の各地域に広がるさまざまな宗教や慣習とともに、多数の図版を織り交ぜながら紹介。

A5判・3800円（税別）ISBN978-4-562-05877-8

住所に何を読みとるのか　読売（11/8）、日経（11/14）書評

界の「住所」の物語

通りに刻まれた起源・政治・人種・階層の歴史

ディアドラ・マスク／神谷栞里訳

社会の近代化をはたすための条件である「住所」。住所のないインドのスラムから、ステイタスを求めて買われるマンハッタンの住所表記まで、住所にまつわる歴史と権力、人種、アイデンティティの問題を文献と取材から描く労作。

四六判・2700円（税別）ISBN978-4-562-05791-7

スコープから未来を読む

リュウジの占星術の教科書III

深く未来を知る ステップアップ編

鏡リュウジ

鏡リュウジ流の西洋占星術のメソッドを基礎から徹底解説する、待望の教科書。第3巻では、未来予想の方法をさらにくわしく学ぶ。読者の要望の高かったプログレス法が基礎からわかる！

A5判・2500円（税別）ISBN978-4-562-05865-5

郵便はがき

料金受取人払郵便

新宿局承認

4399

差出有効期限
2022年9月
30日まで

切手をはら
ずにお出し
下さい

160-8791

343

（受取人）
東京都新宿区
新宿一－二五－一三

原書房

読者係 行

1608791343　7

図書注文書（当社刊行物のご注文にご利用下さい）

書名	本体価格	申込

お名前　　注文日　年　月

ご連絡先電話番号（必ずご記入ください）　□自宅（　）　□勤務先（　）

ご指定書店（地区　）（お買つけの書店名をご記入下さい）　帳合

書店名　書店（　店）

5868

花と木の図書館 **松の文化誌**

読者カード

ローラ・メイソン 著

り良い出版の参考のために、以下のアンケートにご協力をお願いします。*但し、あなたの個人情報(住所・氏名・電話・メールなど)を使って、原書房のご案内な送って欲しくないという方は、右の□に×印を付けてください。 □

ガナ
前 男・女(歳)

所 〒 -

市 町
郡 村
TEL ( )
e-mail @

職業 1会社員 2自営業 3公務員 4教育関係
5学生 6主婦 7その他( )

買い求めのポイント
1テーマに興味があった 2内容がおもしろそうだった
3タイトル 4表紙デザイン 5著者 6帯の文句
7広告を見て(新聞名·雑誌名)
8書評を読んで(新聞名·雑誌名)
9その他( )

好きな本のジャンル
1ミステリー・エンターテインメント
2その他の小説・エッセイ 3ノンフィクション
4人文・歴史 その他(5天声人語 6軍事 7)

購読新聞雑誌

書への感想、また読んでみたい作家、テーマなどございましたらお聞かせください。

なぜ天使に思いを託すのか

使と人の文化史

ピーター・スタンフォード／白須清美訳

翼を持ち白い衣をまとった美しい天使は、人を見守り良き方向へ導いてくれる。このような天使のイメージは、いつ、どのようにしてできあがったのか。キリスト教のみならず、さまざまな時代、地域の宗教や伝承を辿る。

A5判・4500円（税別）ISBN978-4-562-05783-2

紀英国「知の収集」の秘訣はレシピにあり！ 貴重図版多数

国レシピと暮らしの文化史

家庭医学、科学、日常生活の知恵

エレイン・レオン／村山美雪訳

料理だけじゃない！　疫病を予防するレシピ、肺病に効く「カタツムリ水」、壊血病には「ザリガニの粉末」、王様に贈る上級メロンの栽培方法。英国家庭で代々受け継がれた「レシピ帳」は知の集積であり、緻密な家庭戦略だった！

四六判・2500円（税別）ISBN978-4-562-05778-8

文化が花開いた黄金時代のヴィンテージ・ポスターの世界

トミュージアム］ポスター芸術の歴史

ミュシャ、ロートレックからシュルレアリスムまで

デイヴィッド・ライマー／海野弘解説／井上廣美訳

ミュシャなどのアール・ヌーヴォーやアール・デコ、ロシア構成主義、シュルレアリスムなどさまざまな芸術運動と印刷技術の発達を関連させて作品を解説する。美術史的・デザイン史的に重要なポスターを100点以上収録。

A4変型判・5800円（税別）ISBN978-4-562-05729-0

歴史から何を学ぶべきか？ 圧倒的な情報量！ 必読の書！

リンピック全史

デイビッド・ゴールドブラット／志村昌子、二木夢子訳

近代オリンピックはいかに誕生し、発展し、変貌してきたのか。多難なスタートから二度の大戦／冷戦を経て超巨大イベントになるまで、政治・利権・メディア等との負の関係、東京大会の課題まで、すべて詳述した決定版！

A5判・4500円（税別）ISBN978-4-562-05603-3

住宅の屋根板、ワイン容器の「たが」のほか、足場用にも適し、自然の弾力性があるので馬車の製造にも役立った。松からは種子もとれたし、「松の葉でさえ、つまようじ代わりになるとほめられる」。イーヴリンは、松は「沼地の土壌に基礎として積み重ねるのにも適し、ヴェネツィアやアムステルダムの大部分は松材の上に築かれた」と書いている。[7] 松材から出た切りくずや削りくずは、簡単に火がつく。松の幹は、18世紀のロンドンで水道管に使われていたこともわかった。その木材はスコットランド北部からきたものだった。[8]

20世紀はじめに中国で出版された農業の手引書では、松についてこう書かれている。

松の幹から製材された板は小舟や荷車に使われる。〔中略〕枝と針葉は燃料になる。〔中略〕樹皮と種子は薬として使われる。〔中略〕樹脂を含む枝は、薪《まき》には適さなくても松明《たいまつ》として使える。小さい木は窯に入れると煙を出して炭になる。混じりけのないきめ細かいすすは、インク用に使うこともできる。[9]

1914年には、ジョージ・ラッセル・ショーが、ヒマラヤマツの観察結果をこうまとめた。

この木材は建築用、また炭の製造用に使われる。厚くてやわらかい樹皮はなめしに向いている。樹脂が豊富で、商業的価値がある。実も食用に採集する。[10]

このような見解は、産業革命以前の社会では世界中のいたるところで何度も繰り返されたことだろう。それほど頻繁に口にされなかった言葉は、ヨーロッパと北アメリカでは松と聞いてすぐに思い浮かぶもの――家具の材料としての使い道だ。

歴史からいくつかの事例を取り出してみれば、松材が本当に長い年月にわたって使われてきたことがわかる。ごく初期の利用法のひとつは、思いがけなく発見された。1966年、イギリスのストーンヘンジの駐車場用地を発掘していた考古学者たちが、明らかに柱が立っていたとわかる3つの穴が並んでいるのを発見した。そこから見つかった木片は松のもので、放射性炭素分析の結果、紀元前8500〜7650年頃のものとわかった（その後、列から少しそれたところに第4の穴も見つかった）。これは温暖化によって氷河が後退し、松の植生が広がっていた時代にあたる。その頃のイギリス南部は松に覆われていた。その柱はあえて松材を選んで立てたのか、たまたま大きな木が手に入ったからなのかは、誰にも永遠にわからないだろう。柱を立てた理由も謎のままだが、考古学者たちはおそらく儀式用か神殿の一部だったのだろうと推測している。[11]

古くから、松材は建築用に使われてきた。紀元前800年頃、トルコのアンカラの南西にあったフリギアの首都ギョルドゥムに、王の墓が建設された。20世紀の考古学者が、その王墓にさまざまな木材が使われているのを発見し、そのなかには松を使った壁や横桁もあった。その都市で見つかった他の建築物の遺跡でも、同様の形式がいくつもあった。使われていたのはヨーロッパアカマツとヨーロッパクロマツで、現在はほとんど樹木のない地域に、かつては松林が広がっていたことを示唆する。[12]

テオフラストスによれば、古代ギリシアでは松材が家屋の大工仕事に使われていた。また、パルテノン神殿の会計簿に松材を購入した記録が残っている。[13]古代ローマで松材を選んだ大きな理由のひとつは、その長さだった。船の帆柱にも、ローマ人が好んだと思われる単スパン梁の屋根にも、長い木材が必要だったからだ。セネカとユウェナリスは、木材運搬車で運ばれるモミや松の長い丸太が、危険なほどにゆさゆさと上下に揺れながら、ローマの通りを振動させていたようすについて語っている。[14]

中世のノルウェー人は、ほとんどが松材でできた板張りの教会を遺産として残した。500～700年前に建てられたもので、板や丸太を水平に積み重ねていく通常の建築法とは違って、柵を立てるときと同じように、木材を地面に垂直に立てていく方法を用いている。複雑に入り組んだ構造のものが多く、いくつかの階を積み重ねた上に、鋭い傾斜の屋根がかぶせられ、精巧な彫刻も施してある。これらは松材で建てられ、松タールで保護された建物だ。何世紀ものあいだピッチで木材の手入れをしてきたため、これらの目を見張る建物の外観は、いまではダークレッドかほとんど黒に近い色に変わっている。

ジョン・イーヴリンはカナリア諸島の住民について、「テネリフェ島近くでは〔中略〕たいていはピッチの木の木材で家を建てる」が、火災を引き起こすおそれがあるので危険なことだった、と記録している。「一軒の家から火が出ると、想像しうるかぎり最大の火災を引き起こし、消火はほぼ絶望的だった」[15]。木造の建物、とくに松材を使った建物の火災がつねに危険視されていたことは間違いない。

松材で建てたノルウェーの板張り教会。保護のため松タールでコーティングしている。

1856年に『風景式庭園術の理論と実践』を書いたアンドリュー・ジャクソン・ダウニングは、こう述べている。

アメリカで建設される住宅の優に5分の4はホワイトパインとイエローパイン、おもにホワイトパインで建てられる。やわらかくて扱いやすく、軽くてきめが細かい松材は、ほとんどの土地で大工仕事に好まれ、また、一般的な建物建築のさまざまな目的に使われる。[16]

もしヨーロッパからの入植者の大半が、松材の丸太小屋か下見板張りの家に住んでいたのなら、これは松が扱いやすい優れた建築素材だっただけでなく、手に入りやすい木材でもあったからだ。北アメリカ先住民の慣習についての記録によれば、移動生活を送る部族社会は風雨を避けるシェルターを松材で建てたらしい。コントルタマツは樹高が高く比較的軽いその特徴から、ロッジポール（小屋の柱）の通称で呼ばれた。

ルイスとクラークがロッジポールパインと名づけたのは〔中略〕これらの特徴のためだ。大平原地帯の先住民は、ロッキー山脈まで旅をして、小屋やティピー〔移動用住居。134ページの挿図参照〕を建てるためのほっそりとした長い柱を手に入れた。[17]

多くの記録が残るもうひとつの利用法は、サビンマツやポンデローサマツなどの樹皮の使い道だ。

カール・ボドマーの「スー族のティピー」。マクシミリアン・ツー・ヴィート＝ノイヴィートの『ヴィート候マクシミリアンの北米内陸部紀行』（1843～44年）の挿絵。

先住民は、たがいに傾けた樹皮を3層から4層に重ねた円錐形の住居を建て、松の針葉を床に広げてその上で眠った。[18] アメリカ南西部の先住民は、ポンデローサマツの根とサビンマツの小枝でかごを編んだ。[19] 松の針葉でかごを作る技術は、現代的な工芸品として復活しているようだ。

古くから、耐久性があり頑丈な松材のとくに抜きんでた利用法は、造船だった。テオフラストスは商船の建造に松材が使われたと書いている（軍船にはもっと軽いモミが使われた）。ジョン・イーヴリンはウェルギリウスの『農耕詩』から「船造りに役立つ松」を引用してこう書いた。

本物の松は古代人からは船の建造用に非常に適していると称賛されていた。〔モミほどには〕簡単に腐らないからだ。トラヤヌス皇帝は、本物の松で造られていてもいなくても、建造した船には十分にピッチを塗り、鉛で覆わせていたと思われる。[20]

しかし、古代の文献は注意して扱わなければならない。詩人たちは細かい区別をせず、語りや韻律にその語が適しているると感じるかどうかで、「松」か「モミ」かを選ぶものだ。Pinus は船全般を指す詩的な表現だったらしく、古代ローマの詩人マルクス・アンナエウス・ルカエスの「そびえるほど高い松（pine）を掲げているあいだに」のように、帆柱を意味することもあれば、ときにはオールを意味する語にさえなった。松材は船の側板用に使われた。そしてそれ以上に重要な使い道は、帆柱だった。まっすぐに伸びた丈の高い幹が帆柱に適していたのである。先史時代にも、有史時代に入ってからも、ヨーロッパの船に松材が使われていたことは、デンマークのロスキレにあるバイキング船博物館所蔵の発掘品のような、考古学的証拠によっても裏づけられる。

松などの大きな木材は、ハンザ同盟が発達した12世紀のどこかの時点までには、北ヨーロッパの重要な貿易品になっていた。バルト海地方で伐採された樹木は、製材されて北海の港に送られた。松材が松材でできた船で運ばれたのである。スカンジナビアや東ヨーロッパの松林は無限に広がっていると思われていたのだろう。木材貿易は「東邦人（easterling）」と呼ばれていたバルト海地方の商人に、イギリスもうらやむような経済力を与えたが、中世の終わりまでには天然林が枯渇した。戦争においても貿易においても船の利用が拡大し、産業の発達で木材の必要が高まったことで、近代初期のヨーロッパで松材への需要が増した。

そもそも松は特定の用途のために探し求められる木材ではあったものの、それ以外では多くの種

イヴァン・シーシキン「造船用の樹木」(1887年／キャンバスに油彩)。ユーラシア大陸と北アメリカ大陸の松林は、19世紀末に入ってもまだ造船用の木材の供給源として欠かせなかった。ロシアの松林はシーシキンが好んだ題材で、多くの作品を残している。

類の木材のひとつだった。しかし、ヨーロッパ人が北アメリカ大陸を発見すると、そこにはどこまでも続く広大な森林にマツ属のみごとな樹木が育っており、木材としての利用が格段に増した。そしてそれが、政治経済的な交渉材料に使われるようになった。

イギリスも他のヨーロッパ諸国と同じように、造船用の松を必要とした。17世紀には高い費用をかけてバルト海地方から調達していたが、イーヴリンはその状況に失望し、次のように述べている。

> 信じられない額の現金が毎年、このただひとつの商品のために北の諸国に運ばれる。われわれが自国で勤勉に働いていれば、必要な樹木を残しておけたかもしれない。あるいは、バージニアからもっと多くを入手できたかもしれない[21]。

チャールズ・ウォーレン・イートン「夜」(1911年／キャンバスに油彩)。色調主義の画家イートンは、何度も繰り返し松林を描いたことから「松の画家」として知られた。樹高が高いストローブマツをとくに好んだ。

18世紀にイギリス海軍が増強されると、この需要はますます大きな影響を与えた。松材とピッチやタールなどの松由来製品は不可欠であり、その貿易は政治の状況に左右された。松の木、とくにニューイングランドのストローブマツの大きさと質のよさは、イギリス当局の目にも留まり、とくに良質のものに関しては、イギリス政府の所有物であることを示す「太矢じり印」をつけて確保しようとした。この木は「製材したての木肌がきわだって白かったため、ホワイトパインの通称で呼ばれるようになり」、「アメリカでは他のどの松よりも船の帆柱に使われた」[22]。イギリスはこうして、アメリカ産の松に依存するようになった。実際、当時のイギリス政府は国内産および植民地産の木材への税を優遇している。一方、18世紀後半になると、フランスが高品質で扱いやすい、当時はラリシオマツとして知られていたコルシカマツの木材を利用し始めた。

1778年以前には、この木材はフランス政府が船の梁、床材、側板用に使っていただけだったが、この年、政府はふたりの技師をコルシカ島のロンカとロスパの森林へ調査に送った。彼らはそこで、帆柱に適した樹木が大量にあるのを見つけた。これ以降、船を丸ごと、この木材を使って造るようになった。[23]

これはちょうどアメリカ独立戦争（1775～1783年）のあいだのことで、イギリス海軍はニューイングランド産のストローブマツの供給を断ち切られていた。帆柱や帆桁の修理に適した木材を備蓄していなかったイギリスは、ナポレオン戦争のあいだ、木材の供給を再びバルト海諸国に頼らざるをえなくなった。たとえ2年間に価格が3倍に吊り上げられても、である。[24]

外国産の木材に高関税がかけられていたこの19世紀初頭の時代には、ほんの短いあいだながら、イギリスで天然の松の森が開発された。スコットランドのスペイサイドにあるロザーマーチャス［広大な私有地で、敷地内に森林、庭園、邸宅ほか、各種の施設がある］のエリザベス・グラントは、1797年から1830年にかけて、この森についての回顧録を書き著した。彼女はこの森林にすっかり魅せられていた（森の樹木についてはつねに「モミ」と言及していたが）。回顧録には、湖にダムが建設され、切り出した材木を水に浮かべて運ぶための水源を確保したようすも記録されて

アレクサンドル・カラムの「渓流のある古代の松林」(1847年、紙にセピアとインク、グワッシュ)。

いる。

適切な時期になると、丸太を水に浮かべて下流へ送った。森全体で忙しく作業が行なわれていた。たくさんの荒っぽい小馬があらゆる方向に材木を引きずり、横にいる快活な少年に導かれている〔中略〕この移動は、十分な材木が集まるまで続いた。[25]

最初のうちは、木を切り倒した場所から近い小さな製材所で木材を切断していたが、のちには、スペイ川の下流に新しく建てたもっと大きな製材所まで丸太を運ぶようになった。エステートの職人たちがばらばらの丸太をうまく操って小川から川まで運んでいき、昔から商売で生計を立てている「スペイフローター」たちに丸太を引き渡した。

グラントは、この男たちについても生き生きとした描写を残している。

この男たちは、流れの激しい川の、すべてのくぼみと浅瀬、岩や流れの変化を熟知していた。水が干上がったときの状態を見ていたからだ。最初の豪雨がシーズンの始まりの合図だった。〔中略〕ドルイエ川河口に、彼ら独特のやり方で大きな避難小屋を建てる。床の真ん中にある石の炉で火をおこし、その真上の天井に穴を開け、そこからいくらかの煙が外に排出される。窓はない。地面の上にヘザーを広げ、きつい一日の労働が終わって夜になると、濡れた服のまま横になった。おそらく何時間も川で作業をしていたのだろう、男たちは足を火のほうに向け、胸のまわりに格子柄の毛布を巻きつけると、疲れとウイスキーで半分無感覚になった体を丸め、蒸気と煙に包まれて朝までぐっすり眠った。

丸太を川に浮かべる作業は、にぎやかに盛り上がることもあった。

川に丸太を浮かべるお祭り騒ぎのような時間に、笑いを誘うたくさんのハプニングが起こった。ときには勢いよく振り下ろしたとび口が的をはずし、バランスを崩した男が頭から川に落ちた。すべりやすい丸太をつかまえようと格闘し、水を滴らせながら岸に上がってくると、いつも笑いで迎えられた。ずぶぬれの男も上機嫌で笑いの渦に加わる。濡れても彼らはまったく気にしない。まさに濡れネズミそのものだ。[26]

ロシアのサンクトペテルブルク近くのピョートル大帝運河に浮かぶ丸太のいかだ（1909年／ガラス板写真）

ナポレオン戦争が終わると、スコットランドの生産者は木材で利益を得られなくなった。今日でも、ロザーマーチャスには、イギリスとしては手つかずに近い状態の自然の森が残っている。この静かで開けた森には、若木から「おばあちゃんの松」と呼ばれる古木まであらゆる樹齢の木が混在し、古木の枯れかけて白くなったむき出しの枝の向こうに、まだ生きている成木のみずみずしい樹皮が見える。カバノキの明るい葉色と白い樹皮は、密集して生える暗い色の松と対照的だ。ジュニパー、ビルベリー、クロウベリーが、地面を這う地衣類やコケの上に低木層を形成している。そして、枝から落ちた松の針葉で盛り土状の巣を作るアリが、シカやヤマネコ、アカリス、オオライチョウ、イスカなどと一緒に生態系を構成している。

木材の切り出しとその運搬は、北ヨーロッパの森ではおなじみの光景だ。ワーテルローの戦いに勝利したイギリスが外国産の木材にかける関税を軽減すると、大西洋の西側で製材産業が大々的に発達した。北アメリカ東部の広大な森林は、商業的に価値のある多くの樹種の供給源だった。カナダ東部の主要な川に近い地域が、レジノーサマツの一大供給地になった。ロザーマーチャスと同じように、ここでも木材の運搬に川が使われた。1810年から1850年のあいだに、ミラミチ川、セント・ジョン川、オタワ川の水系にあるアクセス可能な木材は、ほとんどが伐採された[27]。

北アメリカでの木材の切り出しは初雪を合図に始まるので、秋のあいだに十分に準備しておかなければならない。木材を運搬するための道を切り開き、食料を運び入れておく。キャンプと呼ばれた伐採者たちが暮らす小屋を含め、キャンプを設営しておく。これは、スコットランドのスペイ川の大渓谷に建てた避難小屋を大きくしたようなもので、広い共用スペースの中央にストーブを置き、大勢の伐採作業員が共同生活をする。雪解けとともに、木材の運搬が始まる。丸太を一本ずつ川に流して下流の開けた水域まで運んだら、そこで丸太をいかだに組む。いかだ乗りたちはその上に小屋を作り、ケベックやセント・ジョンなどの拠点まで運ぶ。製材所に隣接した川べりに厖大な数の丸太を集め、流されないように防材で囲んだ。川を利用した木材の運搬は鉄道が通ってからも続いた。鉄道よりも安く輸送できたからだ。

丸太を川に浮かべて運搬する仕事は過酷だ。凍りついた水のなかに落ちたり、木材にはさまれたりなどの危険もつねにあった。当時の写真を見ると、その仕事の全貌がわかる。映像も残っており、丸太を操る作業員たちのスピードとスキルに驚かされる。雪解けの時期の冷たい水に半分つかりながら、湾曲部や急流などでは、回転したり動いたりする丸太をうまく足で操る。端にかぎ爪がついた長い棒で、丸太にからまった障害物を取り除いたりもした。彼らの働きぶりを称えたフォークソングもいくつかある。伝統的な「ドレーブ川の偉大な旅人 Grand Voyageur sur la Drave」の歌詞は、この仕事をしている３人兄弟が、もし何か事故が起こっても助けなど呼べない、急流もある川を下っていくようすを語る。「リバー・ドライバー River Driver」というニューファンドランド地方のフォークソングは、川の上での生活を歌ったものだ。そして、カナダのミュージシャン、ウェイド・ヘムズワース（１９１６〜２００２年）が作曲した20世紀の曲、「ログ・ドライバーのワルツ The Log Driver's Waltz」は、丸太乗りたちの機敏で軽やかなステップは、ダンスフロアでのパートナーとして引く手あまただったという内容だ。この曲は１９７０年代から80年代にかけてカナダでテレビ放送された、魅力的な短編アニメ映画のテーマソングにもなった。

ナポレオン戦争後の木材需要の高まりのため、北アメリカ東部の大部分の森林は第一次世界大戦までに徹底的に伐採された。自然主義者のエドワード・W・ネルソン（１８５５〜１９３４年）は、アメリカ南北戦争中のアディロンダック山地について追想し、こう書き記している。

> 広葉樹と針葉樹が混じる美しい森のなかで、堂々としたホワイトパインが栄光を独り占めするかのように、ひときわ目立っていた。その後、森林伐採者の斧《おの》がこの美しい針葉樹をほとんど一掃してしまった。[28]

フロリダ州ジャクソンビルの木材の船着き場（1900年代初期）

アメリカ東部の松林は、簡単にいえば、あまりに役に立ちすぎた。

18世紀から19世紀はじめにかけての造船のための伐採は別としても、松は建材としてはもちろん、以前からさまざまに使われてきた。スティーヴン・エリオットはストローブマツについて、「その大きさと軽さのため、他の木材よりも船の帆柱用に好まれる」が、ほかにも用途は幅広くあった、と述べている。やわらかく、きめが細かく、軽く、テレビンは含まない。そのため、床をのぞき、住宅の内装すべてに使われる。北部州では被覆材や額縁用にさえ使われた。[29]

タールとテレビン油のおもな供給源となるダイオウマツは、木材としては重く頑丈で、扱いにくい。

この木は、アメリカにあるどの種類の木材よりも、幅広く使われた。額縁用、被覆材用、そして住宅の屋根用にも、イトスギが手に入らないところではどこでも使われる。住宅の床材としては、既知のどの木材よりも好まれる。造船用としては、梁にも厚板にも、歩み板にも、広く使える。米を入れるための大樽や、プランテーションの柵の材料にもなる。[30]

ジョージ・ラッセル・ショーは1914年に、テーダマツは「さまざまな種類の角材や板に製材される重要な木」だったと述べた。[31] エキナタマツは「建物の建材として幅広く使われた」。[32] 松はどこにでもある木だったため、北アメリカの英語には、松に関連したいくつものスラング表現がある。「ride the pine」(松に乗る)は、チームスポーツで補欠用のベンチに座ることを意味し、「pine overcoat」(松のオーバーコート)は棺を意味する。

鋼鉄の船と建築素材は、木材の需要を減らしたが、燃料用の木材と産業用の木炭の需要は増した。植物学者のロナルド・M・ランナーは、これがアメリカ南西部のひとつの種の松と、ある小さな地域に与えた影響を詳述している。ネバダ州のピニオンマツは良質の木材にはならない。節が多く、樹高は全般的に低めだ。しかし1859年に銀の採掘ラッシュが始まると、手頃で便利な木となった。燃料用、採掘坑の支柱用、住宅用などに使われるようになったのだ。とくに精錬に使う炭としては非常に重要だったため、炭焼きができる熟練労働者がスイスとイタリアから呼び寄せられた。彼らが建てたレンガの炭焼き窯はいまも残っている。ユーレカというひとつの入植地だけで、1870年代の1日あたりの燃料の需要は、20ヘクタールの松林に相当したと推定される(家庭内の用途にも、８ヘクタール分の松が使われた)。１８７８年までに、町から80キロ圏内の風景から完全に森林が消滅した。その後は銀が見つかり、同じように松が必要になった他の町に近い森林が新たな伐採場所になった。[33]

北アメリカの森林は無限に存在するかのように扱われ、そのためか、伐採した木の約25〜30パーセントは活用されずにいた。19世紀半ばには鉄道と蒸気機関が登場し、木材の伐採、加工、輸送が楽になった。それと同時に、ノースカロライナとアメリカ南部のピッチとテレビン油産業に競争がもたらされ、北東部からの「渡り者たち」が製材業に参入するようになった。西部では、製材過程初期で驚くほどの量の木材が浪費され、サトウマツのような巨大な古木がきわめて実用的な目的のために切り倒された。

シエラネバダの山麓に入植地ができた最初期の時代から、貴重な資源の多くが浪費されていた。豊富にあり、伐採や加工が簡単なサトウマツは、木材用の木として好まれた。[34]

ゴールドラッシュによって引き起こされた、大量の人間の流入によるあらゆる必要を満たすためにも、松は使われた。金と砂利を分ける作業に使う箱、橋、住宅、納屋、柵、坑道の支柱、屋根ふき材、家畜用の柵などだ。一部は他の目的にまわされた。たとえば、１９０４年のセントルイス万国博覧会のためにフィラデルフィアで製造された巨大なオルガン(ワナメーカー・グランド・コート・オルガン)のようなめずらしいものもある。ときには1本の木の半分以上が残され、そのまま

ウド・J・ケプラー「誰が彼に力を貸すのか？」(1909年)。『パック』誌向けのイラスト。森林火災を視覚的メタファーとして、製材会社による北アメリカの森林乱伐を表現した。アメリカ林野庁のギフォード・ピンショー長官が、ひとりで炎と格闘している。

ウド・J・ケプラー「保護を！」（1909年）。『パック』誌向けのイラスト。アメリカに輸入される木材は関税がかかるためコストが高く、天然林がその犠牲となって枯渇していった。

朽ちていくこともあった。だがこうした悪しき慣習への反省が、のちに森林プランテーションや北アメリカの国立公園の設立へとつながっていくことになる。

松は装飾用よりも家具用の木材として役に立つ。松はこれからも、手に入るかぎりは使われ続けるだろう。木材の質は種と生育地によって異なる。北ヨーロッパと北アメリカ原産の松の多くは白っぽい黄色かピンクがかった赤だが、「ピッチの松」はもっと黄色い。ヨーロッパアカマツは比較的きめが細かく、19世紀にヨーロッパに輸入された北アメリカ種はきめが粗い傾向があった。[35]おそらくそれが、19世紀のイギリスで多くのヴィクトリア様式の家に使われた床板が割れやすい理由だろう。

天然の松林がほとんどないイギリスでは、木材は輸入するしかなかった。そのため、蒸気機関が発明される以前の時代には、作りつけの松材のキッチンが一般的だった20世紀後半よりも、木材は高価だった。17世紀半ば以降、松材は「赤松材」としてバルト海諸国か

大量の松材が木工品、安い家具、家屋の建具に使われた。この写真はノースヨークシャーにあるベニングボロー・ホールの洗い桶。年季が入り、木目が目立つ。

ら輸入され、羽目板や（しばしば塗装をして）作りつけの食器棚などに使われた。流行の変化で羽目板が使われなくなり、また輸送コストが下がると、松材は「使用人が使うもの」に格下げされ、キッチンの戸棚、粗削りなテーブル、食器洗い場や洗濯場の建具に適した実用的な木材として扱われるようになった。19世紀以降はアメリカからの松材の輸入で、簡素で手頃な値段のさまざまな家具に使われることが多くなり、安いベニヤ合板の家具の枠組みにも使われた。1970年代にイギリスで白木調の木製家具が流行したときには（新品で買い求めることもあれば、苛性溶液を使って古い家具から塗料やラッカーを取り除くこともあった）、松材にも人気が集まった。もっとも松材は日の光にさらされると色が濃くなり、オレンジがかった赤色になる傾向があった。やがて、流行の振り子は再び塗装家具に戻り、今度はスカンジナビア流が中心になった（スカンジナビアでは塗装された松材の家具でも「天然素材」とみなされるのかもしれない）。

松材利用の歴史における新しい時代は、19世紀半ばに始まった。１８４０年代以降に発達した製紙用のパルプ化は、破砕や加熱やさまざまな化学処理をしてセルロースとリグニンを分離したウッドチップを使う。別の応用法もまもなく見つかった。とくにレーヨンやビスコースなど、１８９０年代に商業生産が始まった繊維産業での利用だ。軟材は一般に硬材よりも長い繊維になる。松は、さまざまな環境で生育する種として、この目的のためによく使われる。加工方法はどの樹木の場合も同じだが、真っ白い製品が求められるときには、松から作るパルプは色がつきやすいため漂白が必要になる。[36]

パルプ製造に使われる松は、パルプ工場の近くで手に入る木がどんな種類か、成長が速くて管理が簡単か、害虫や病気に強いかなどの要素で決まる。過去には重視されていなかった松種が、人工林［植林したり種をまいたりして人工的に育成した森林］と木材の産業利用の時代に入ると、新たな環境と新たな有用性を見出した。たとえばモントレーマツは、成長が速く、南半球のいくつかの国では驚くほどの高さになるとわかると、ニュージーランドや南アフリカなどの国で、植林用の木として使われるようになった。バージニアマツは、形は悪いながらも、現在はパルプ材として商業的に重用されている（スティーヴン・エリオットは１８２４年にこの松のことを、「みすぼらしい松種で、その木材はほとんど価値がないといわれる」と書いていた[37]）。テーダマツ、リギダマツ、レジノーサマツ、ダイオウマツ、エキナタマツ、コントルタマツ、バンクスマツはすべて、パルプ材に適した種であるとされた。自然製品はどれもそうであるように、種によって細かい違いはあるが、パルプ製造にとっては大きな問題ではないようだ。この産業は、ほかには利用価値のない小枝や節のある木材を原材料とし、それを世界中で取引されるウッドパルプという商品に変えている。

J・E・H・マクドナルド「線路と交通」（1912年／キャンバスに油彩）。切断された松材やその他の木材が積み上げられ、忙しい工業都市の風景の一部となっている。絵の左右の縁取りとなる電柱も、松を使ったものかもしれない。

製材の工業化は、ベニヤ板などの新製品を生んだ。これは１８９０年代に新たに発達した回転式カッターの技術から生まれたものだ。[38]松材の新しい利用法としてチップボードのような加工建築素材にも使われるようになったが、包装、建築、その他の伝統的な用途での利用も続いた。１９７０年代においても、ヨーロッパアカマツ、ヨーロッパクロマツ、コントルタマツの木材は、電柱、線路の枕木、柵、根太《ねだ》、屋根の垂木《たるき》、床材、納屋、坑道の支柱、箱、木毛《もくもう》［木材を糸状に削ったもの。輸送時の緩衝材などに使う］、壁板、製紙用パルプなど、さまざまなものの材料として使われていた。[39]

松と樹木全般の過剰な伐採は、幅広い影響を引き起こした。工業化が進む国では森林管理が科学として確立し、その一方で、とくに北アメリカでは、初期の環境運動が広まった。17世紀のヨーロッパの土地所有者は、観賞用としても木材の供給用としても木を植えたが、林業の歴史における転換点は、18世紀後半の政治的危機により、供給が乱れ、需要が増したことだった。このときには、スコットランドのようなヨーロッパ本土から離れた土地でも松の植林が実験され、ヨーロッパアカマツが集中的に植えられた。またインドネシアのオランダ植民地では、メルクシマツ（学名 *Pinus merkusii*）が実験的に植えられた。

無尽蔵に見えた北アメリカの森林も、鉄道時代の到来と利益の誘惑には耐えきれず、商業作物として木を植え直さなければならなかった。20世紀の林業の慣習を暗示するかのように、樹木を皆伐《かいばつ》［ある程度の以上の区画にある樹木をすべて伐採すること］し、そのあとで新たに植林するというやり方が、1840年代のドイツで標準的な習慣になっていた。この方法は世界中に広まったが、その後、ドイツでは1870年代に入って、より環境にやさしい森林管理の方法へと再転換する。[40] スウェーデンでは20世紀はじめに、イギリスでは第一次世界大戦後に、計画的な森林管理が始まった。北アメリカでは、両大戦間に人工林の開発が始まった。

林業の発達により、南半球にもマツ種が大々的に持ち込まれた。イギリスは19世紀後半に南半球の植民地に松の木のプランテーションを開業し始めた（オーストラリアでは1875年、南アフリカでは1884年頃、ニュージーランドでは1890年代）。なかでも注目されるのは、カリフォルニアの約6000ヘクタールの土地を自然の生育圏としていたモントレーマツが、自然環境ではありえない、広さ400万ヘクタールを超える南半球のプランテーションに運ばれたことだ。[41] モントレーマツは南半球でもよく育ったが、同時にそれは外来の侵入種となったことを意味し、とくに南アフリカでは、その土地固有の植生を脅かすこともあった。カリビアマツはブラジルをはじめと

1969年発行のニュージーランドの切手。この国の主要輸出品に注意を引くためにデザインされたシリーズのひとつ。モントレーマツは当初移入されたプランテーションを超えて分布を広げ、ニュージーランドや南アフリカでは固有種の植物相を脅かしてきた。

する南アメリカ諸国、マレーシア、アフリカの一部など、熱帯の環境でも植林種として適応している。一方、ハイチやドミニカ共和国など、無計画な松の伐採がいまも続く地域もある。これらの国では、無政府状態や前近代的な粗放農業によりエスパニョーラマツの天然林が脅かされている（高品質の木材の供給源となるこれらの木は、かつては輸出市場を支えていた[42]）。

建築用木材や製紙用パルプの需要に応えるための集中的な森林伐採は、外来種の針葉樹の一群を、土地への影響をほとんど考慮しないまま商業目的のためだけに植えることを意味した。成長が速く、節がなく、害虫に強く、需要が予測できるといった商業的要因が、とくに重視される。しかし森林開発は長期的な事業だ。木が伐採できる状態に育つまでに、経済状況が変わったり、あるいは期待どおりに成長しない可能性はつねにある。実際、第二次世界大戦直後のスコットランドに、もともと木材用として植えたコントルタマツはすでに価値が下がってきている。やがてはバイオマスとして利用されるか、そうでなければおそらくパレットなどの簡素な道具や木製包装材として使われるくらいになるだろう。

松の木は害虫や病気の被害を受けやすい。その多くは人間の活動によって広まるものだ。たとえば、19世紀のノースカロライナでの松脂の採取は、次々と害虫による被害をもたらした。キクイムシとブラック・ターペンタイン・ビートルの幼虫は木の形成層を餌にする。サザン・パイン・ソーヤーという蛾の幼虫は辺材を餌にする。ターペンタイン・ボーラーは弱った木を餌にする。これらすべての害虫が破壊的な影響を松に与えてきた[43]。

森林プランテーションは意図せずに、いくつかの害虫に理想的な環境をつくり出す。たとえば、1950年代にはパイン・ルーパー・モス（学名 *Bupalis piniaria*）がイギリスの松林を襲い、1960年代にはマツモグリカイガラムシ（学名 *Matsucoccus feytaudi*）が、南ヨーロッパのフランスカイガンショウをもう少しで絶滅させるところだった。人間の行動が気づかないうちに問題を広めた最悪の例は、1910年の事例だろう。ストローブマツを積んだフランスからの船が北アメリカに着いたとき、その荷にまぎれていた真菌種（学名 *Cronarrium ribicola*、アカフサスグリのようなスグリ属の植物に寄生する）が、アメリカの森林にホワイトパインの発疹さび病を広め、多くの木を殺した。伐採によってすでに崩壊の危機を迎えていたサトウマツの堂々たる木々にも追い打ちをかけた。遺伝子操作で病気を抑えようとする試みがなされ、それが影響を受けた種の集中的な研究につながっていった[44]。

L・H・ジョーテル「ホワイトパインをむしばむ昆虫」。『ニューヨーク州魚類狩猟動物委員会第7次報告書』（1902年）のイラスト。

イギリスのケント州の海岸に流れ着いた松材の積み荷。2009年。

松の産業利用の実情は――軟材全般とは違って――くわしく調べるのがむずかしい。統計上は、硬材と軟材に分けたり、所有者や幹のサイズなどの要素で分類したりする。木材取引では、「レッドウッド」（厳密にヨーロッパアカマツの木材を指す）と「ホワイトウッド」（ノルウェーのトウヒ）を区別する。イギリスの松材は、建設・建築、建具や包装材に幅広く使われる。フィンランドやロシア産のものが（以前もいまも）好まれるのは、北方の環境がゆっくり樹木を成長させ、比較的強く、頑丈で、一般に質のよい木材を産出するからだ。[45] 21世紀はじめの現在のイギリスでは、針葉樹が森林全体に占める割合は半分を少し超える程度だ。この分類のなかでもっとも重要な種は、実際にはシトカトウヒ（学名 *Picea sitchensis*）で、針葉樹林の5割強を占める。そのほかにヨーロッパアカマツが約16パーセント、コントルタマツが約10パーセン

トラックに積まれたポンデローサマツ（学名 *Pinus ponderosa*）。1942年。エドワルド・ハインズ・ランバー社はオレゴン州グラント郡のマルーア国有林で操業していた。

トを占める。[46]

松は年輪年代学に特異な形で貢献してきた。これは、木の年輪から考古学的、歴史的遺物の年代を特定する科学である。きっかけは、1904年、天文学者のアンドリュー・エリコット・ダグラス（1867〜1962年）がアリゾナでポンデローサマツの年輪を観察したことだった。太陽の活動が植物の成長に与える影響の証拠を探していたダグラスは、個々の木の年輪を数え、重要な形態上の特徴に注目し、詳細を交差照合する方法を考案した。ダグラスの方法、あるいはそれを発展させた方法が、北アメリカとヨーロッパの木の年輪から年代を特定するために役立てられ、マツ属の木材はその最大の貢献者になった。

ヨーロッパでは、あるヨーロッパアカマツの樹齢が2012年で、後氷期のものと特定された。陸地がまだ寒すぎて、樫の木が成長できなかった時代だ。多くの人が年輪年代学から連想するのは、コロラドのグレートベースンにある驚くほど長寿のブリストルコーンパイン（イガゴヨウ）かもしれない。地球上の植物でもっとも長生きの何本かの松は、木に限界までストレスを与える厳しい気候のためにゆっくりとしか成長できず、現在は根まで続く細長い樹皮に生きた枝がかろうじてしがみつくのみで、残りの部分は死んでいる。1950年代、エドモンド・シュルマン博士がこうした松を研究した。1964年に最古の生きた木が間違って切り倒されたことがあるが、年輪を数えると樹齢4862年だった。[47]ブリストルコーンパインの年輪のおかげで、この木が育つ地域の植物史の年表は例外的に長くなった。

年輪年代法は、ダグラスが1920年代から30年代にかけて、プエブロ・ボニートのアナサジの遺跡の年代を特定したときにも非常に効果的に使われた。そのときには45の遺物の年代を特定している。法医学においても、チャールズ・リンドバーグ［1927年に大西洋無着陸横断飛行にはじめて成功した伝説の飛行士］の愛児誘拐殺人事件の犯人、ブルーノ・ハウプトマンを有罪にするのに年輪年代学が役立った。誘拐現場に残されたはしごに使われた低品質の松材と、ハウプトマンの自宅の床の松材を比較したのだ。道具や釘の跡から両方の木片が一致するとわかり、年輪の精査で出所が確認された。[48]

木材とパルプ材としての松の利用は「量」という点では目を引くが、それ以外にも松は目立たない形でさまざまに使われてきた。産業革命以前の伝統的な松材の用途として、虫除けや抗菌の効果があるという記録が多く残っている。10世紀の『ゲオポニカ』にも、樹脂を含む松の木片を小麦粉に入れる、松の杭を樹木やブドウの木のまわりに打ち込んで害虫除けにする、にわとり小屋を硫黄、アスファルト、松材でいぶす、焼いた松かさをまだ熱いうちにオリーブオイルに落として殺菌する、などの例が載っている。ピッチ抽出の副産物としてできる炭とすすは、古くから精錬に使われてきた。ジョン・イーヴリンは、松の炭は「他のどの木のものより鍛冶屋たちに好まれ[49]」、ピッチからはランプブラック（油煙）と印刷用の黒いインクができた、と書いている。

ランプブラックは松をいぶしたときにできるすす状の残留物で、それほど価値ある製品には思えないかもしれないが、中国ではとても貴重なものだった。中国では墨が重用されたからだ。これに関する記録は2000年以上前までさかのぼる。17世紀の記録に残る松のすすを取り出す方法は複雑で、細心の注意が必要だった。松材に少しでも樹脂が残っていると、インクはなめらかに流れない。そのため、最初は松の生木から抽出していた。根元に小さな穴を開け、そのなかにゆっくりと燃えるランプを置く。木を温めることにより分泌される樹脂がそこに集まり、外に流れ出す。その後、木を切り倒し切断する。それをゆっくりと燃やして、竹で特別に作った小屋に煙が集まるようにする。この小屋は長さ30メートルほどで、レンガと泥の床に溝を作って紙とむしろで覆い、そこに開けた穴から定期的に煙を外に逃がすようにしていた。数日してから小屋を冷やし、すすをかき出す。この方法を使うとさまざまな質のすすができた。最良の質のものは火からもっとも離れたところのもので、これが良質のインクになった。それより質が劣るものは、印刷用の粗めのインクや、ラッカーや漆喰用の顔料になった。

インクを作るには、すすを水とタンパク質ベースののりと混ぜる。すると弾力のある固体になって棒状や四角い形に成形でき、表面には型押しなどで模様をつけられる。ときには香水など他の物

インク用のすすを作る。『天工開物』（1637年）の図版。最高品質でもっとも貴重なすすは、窯のなかの、火からもっとも遠い場所にできる。作業員が松の木片をくべている。

質も加えた。最高品質のインクは非常に貴重で、人気のあまり入手困難になり、ときには文字どおり、同じ重さの金と同じくらいの価値があった。芸術や研究のテーマにもなり、深みと光沢のある黒とその質のよさは大いに称賛され、他の文化でも取り入れられたり模倣されたりした。ワインや水、その他の材料と混ぜて、薬としても使った。[50]

松材のもっとも目につきやすく、どこででも見られ、そしておそらく先進国ではもっとも忘れられがちな使い道は、光と熱を生み出すことだ。火は人間と松の歴史を、一筋の赤い光線のように貫く。この利用法は、電気に慣れた人たちには想像しにくいが、いまでもまだ重要だ。燃える松の火は、暗闇を払いのけ、暖かさを与え、より大きな火をおこすのを助ける。樹脂が豊富な乾いた松材はすぐに裂け、簡単に火がつく。

夜の闇を払いのける松明。松明を手にした行進はいまでも圧巻だ。シェットランド（スコットランド）の新年の祝いは、その現在の例のひとつ。

大プリニウスは、松材に火をつけ、宗教的儀式の松明にしたと記録している。松明は古代の神話と儀式にはつきものだ。農耕の女神デメテルは、炎が上がるふたつの松明を手に、連れ去られた娘のコレー（ペルセフォネ）を半狂乱になって探した。デメテルの娘探しの神話をもとにした古代ギリシアの「エレウシスの秘儀」は、松明の明かりで照らした真夜中の行進から始まる。アテネから約23キロ離れたエレウシスまでのこの行進には数千人が参加する。もし松明がなければ、真っ暗闇のなかの行進はさぞかし異様な光景だっただろう。[51]

夜の闇の女神ヘカテも松明を運び、デメテルの娘探しを手伝った。あるアンフォラ［ワインや食材の保存・運搬用の素焼きの壺］に描かれた絵では、ヘカテが巨人クリュティオスと戦い、巨人の髪を松明の火で燃やしている。結婚の神ヒューメンも松明を手にしていた。松明は夜間に開かれる古代ギリシアとローマの結婚式になくてはならないものだった。エウリピデスの戯曲『トロイアの女たち』には、カッサンドラがアガメムノンの第二夫人となる「結婚式」に向かう途中で、松明の炎がどう見えるかを口にする場面がある。

松明を掲げ、炎を燃え上がらせ、この神殿を明るく照らしましょう。婚姻の神ヒューメンをあがめるのです。〔中略〕私はこの結婚式の夜に自ら松明を掲げています。飛び跳ねる光、踊る炎、すべてはヒューメン、熱い欲望の神にささげるために。[52]

同じくエウリピデス作の『メディア』では、結婚式の賛歌のなかで、「ささくれた松のトーチ」への言及がある。彫刻やフレスコ画から判断すると、松明は長さ1〜1・5メートルほどで、何本かの細い木片を束にして一定間隔で結わえていた。炎と揺らめく光が、月と星の明かりしかない夜を照らす光景は印象的であり、謎めいてもいたはずだ。

松明は光を与えるとともに、清浄の象徴だった。その力への信仰は古代世界に深く根づいていた。10世紀に記録された「ハチの巣、畑、家、家畜小屋、作業小屋を呪いの魔法から守るため」の魔除けの言葉からもそれがわかる。人々はそのならわしにしたがい、ロバの右前脚のひづめを敷居の下に埋め、それと一緒に、燃やしていない液状の松脂、塩、さまざまな香料をそなえ、さらに毎月、パン、羊毛、硫黄、松明をささげた。[53]

細長い松片を燃やして明かりにする習慣は、西洋では19世紀に入っても続いていた。スコットランドではエリザベス・グラントが、「暖炉のなかの小さな台にのせたヨーロッパアカマツの薪の明

オラウス・マグヌスの『北方民族文化誌』（1555年）の図版として使われた木版画。安価な家庭用照明として、樹脂を豊富に含む松材が多くの場所で使われた。これは16世紀半ばのスウェーデンの例で、住人が火をつけた松材を口にくわえ、家事をこなしている。ベルトにはまだ火をつけていない木の束を差している。

かり」がコテージの冷え込む冬の夜を照らしたようすを記録している。[54] また植物学者のデヴィッド・ダグラスも、1820年代のオレゴン探検のときに松明を使った。ニューイングランドでは、松の心材からとった細長い木片がキャンドルウッドと呼ばれるようになった。

現代の旅行者もまた、中国雲南省の大理《だいり》の松明祭について語っている。人々が巨大な松明を運び、欧米のバックパッカーたちが「粉末の松脂」と呼ぶものを投げつけると、盛大な炎となって燃え上がる。日本の鞍馬の火祭でも松明が使われる。

照明用の松は現代世界のどこにでも見られるが、マッチ箱におさまる小さな木片の起源についてじっくり考える人はほとんどいない。松片に硫黄を染み込ませると、簡単かつ間違いなく火がつくというアイデアは、中国では1000年以上前に記録されている。現在よく目にする、摩擦で火がつく安全マッチは19世紀半ばにスウェーデンで考案されたものだ。

松材は優れた薪にもなる。1909年、ジョージ・ラッ

松材の束がいまも多くの国で薪として売られている。トルコで撮影。

セル・ショーは、メキシコでは松と松材はどちらもその土地ではオコテ（ocote）と呼ばれ、町の市場ではそれを束にしたものが同じ名前で薪用として売っていた、と記録している。これを作るには――

> 立ち木に切り込みを入れ、松脂がその傷の上にたまるのを待つ。これを一定間隔で何度か繰り返す。こうしてできた木片を小さな束にしたものが、市場でひと束1センターボで売っている。私はオコテの採取のためにひどい形になった木を頻繁に目にした。[55]

生物の種の多様性に関心をもつ植物学者にとっては残念なことだが、同様の慣習はメキシコ、中東、ヒマラヤ地方、東南アジアにいまも残っている。

暖炉の火の美しさを楽しむ人たちにとって松材の炎とは、香りがよく、気持ちを和ませ、冷え込む夜にパチパチという音で贅沢な気分にさせてくれるものだ。ロナルド・M・ランナーによれば、ニューメキシコ州の人たちはいまでも、スペインの習慣を受け継いだ「カンデラリア」と呼ばれる祭りで、宗教と結びついた大かがり火をたく。

未開の地のサバイバリストたちも、松の丸太から即席の「ストーブ」を作る。これは「スウェーデントーチ」とも呼ばれるものだ。直径30センチほどの木材の、底の部分を残して4等分するように縦に切れこみを入れる。てっぺんの中央部に火をつけると、切れこみを通って木が垂直に燃えひろがっていく。一度火がつけば切れこみから酸素を取り込み、上から下へずっと燃え続ける。てっぺんは平らなので、お湯を沸かしたり食べ物を温めたりもできる。このストーブの起源についてはさまざまな説があり、北アメリカの開拓地での習慣だったとか、三十年戦争（1618～1648年）のあいだにスウェーデン兵士が考案したものだった、などともいわれる。

火がつきやすい松材の性質は、こうしていまも役に立っている。その光の魔法は完全に消えてはいない。

第5章 食材としての松

食用になる樹木という点では、松は食べられる種子をもつ木の代表だろう。松の実は松の種子の「仁」と呼ばれる部分で、一般には松かさを集め、熱を加えてかさを開くと種子を取り出せる。厳密にいえば、どの松の種子も食べられるが、人間が食べるには小さすぎるものがほとんどだ。食用になるかどうかは大きさによって決まる。つまり、種子を収穫して殻から取り出す価値があるほど仁《じん》［種子から種皮を取り去った核部分。胚と胚乳から成る］が大きいかどうかだ。種子が食用になる松は20種ほどあるが、古代から地中海地方の多くの場所で栽培されてきたイタリアカサマツは、その頃から重要な食料源だった。ほかにユーラシア大陸の松で実をつける種には、ヨーロッパハイマツ、ヒマラヤ山脈西部のチルゴザマツ、ハイマツ、チョウセンゴヨウがある。北アメリカでは、アメリカヒトツバマツとコロラドピニオン（学名 *Pinus edulis*）が、おそらくもっとも重要な食用の松だろう。これらの松は、カリフォルニアの中央部から東部、ネバダ、ユタ、アリゾナ、ニューメキシコ、コロラド南西部にまたがって生育する。サトウマツ、サビンマツ、シシマツ、キングピニオン、メキシ

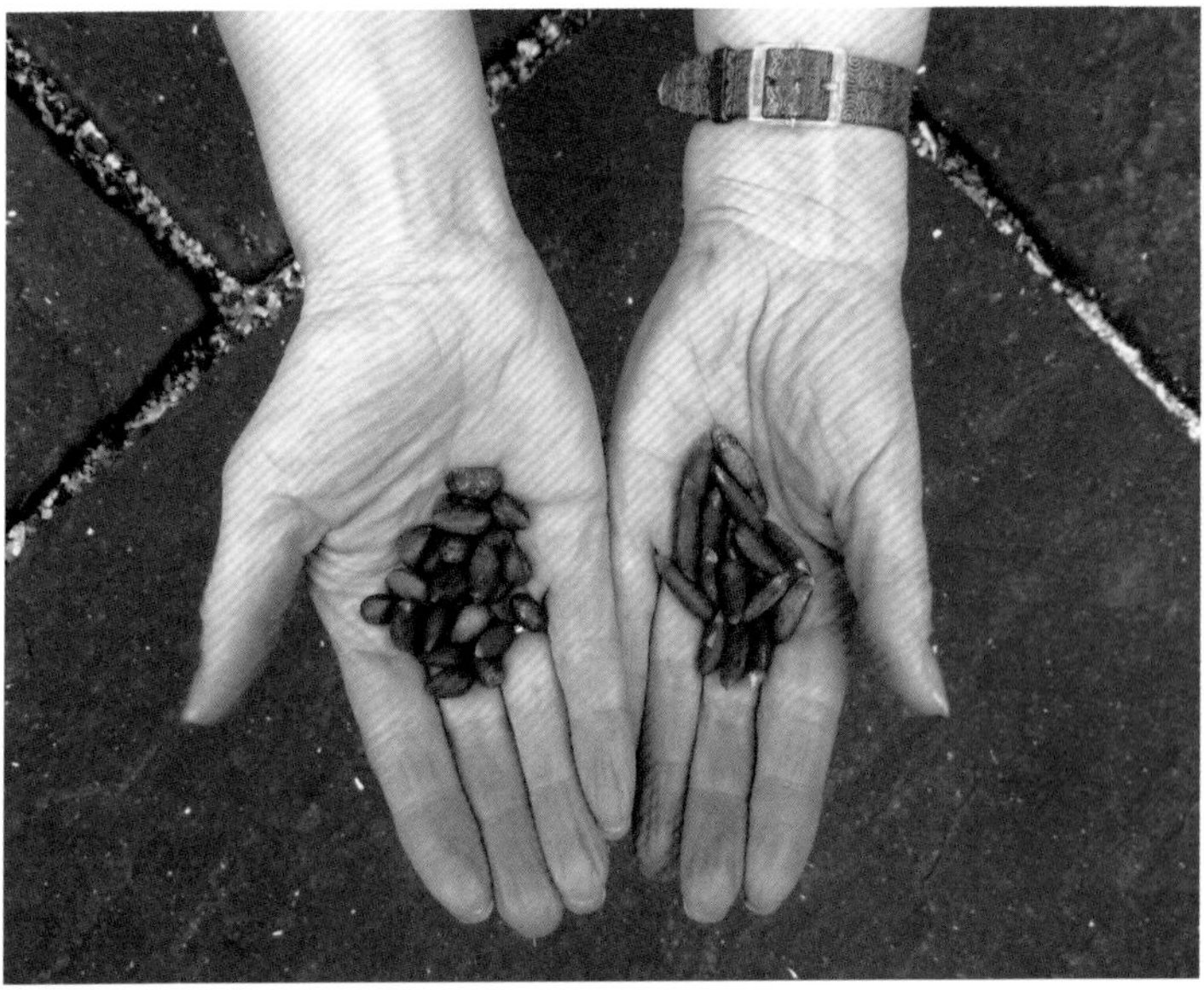

殻つきの松の実。右はヒマラヤのチルゴザマツ（学名 *Pinus gerardiana*）のほっそりした形のもの。左は北アメリカのヒトツバマツ（学名 *Pinus monophylla*）の、三角形に近い形をしたもの。

シコマツにも食べられる仁があり、そのいくつかは地元では大事な食料源とみなされている。ただしキングピニオンは推定2500本しかない稀少種であり、その実は非常に貴重だが、木への負担が大きい方法で採取されるため、種としての存続そのものが危うくなっている。[1]

　松の実は、松の種類ごとに微妙な違いがある。どれも長さ1センチほどだが、形はさまざまで、細長く片側がとがった卵型（イタリアカサマツ）、米粒を大きくしたような細長いもの（チルゴザマツ）、やや三角形に近くスイートコーンの仁に似た形のもの（チョウセンゴヨウなど極東地域の種）、横幅より少しだけ縦が長い丸形で、片側がわずかにとがっているもの（ピニオンマツの実）などがある。色はオフホワイトからアイボリー。欧米ではイタリアカサマツの実がもっともよく知られている。

松の実はさくさくとした食感であり、フードライターのジリアン・ライリーはその風味について、あぶったり、軽く揚げたり、焼いたりするとやさしい味になり、わずかに樹脂の香りがするが、「つかの間のよい香りがすぐに腐ったような嫌なにおいに変わる。せばまったほうの端に濃い斑点がある実は避けたほうがよい」と書いている。[2] 生のピニオンマツの実はしっとりしてやわらかく、少し甘味がある。ヒマラヤのチルゴザマツの実は油分が多く、アーモンドに似た特徴的な風味がある。

松の実は一般に栄養価が高いが、主要栄養素（タンパク質、脂質、炭水化物）の比率は、種によって異なる。イタリアカサマツの実にはタンパク質が多い（34パーセント）。松の実の脂質は40パーセントから75パーセントのあいだだが、ヒトツバマツの実は23パーセントと比較的少ない。炭水化物の比率は幅があり、少ないものではイタリアカサマツの実が7パーセント、多いものではヒトツバマツの実が54パーセントである。[3]

松の実を食用にするときに注意しなければならないのは、「パインマウス」と呼ばれる現象だ。松の実を食べてから1日か2日すると、口のなかで金属のような苦い味がして、それがなかなか消えずに残ることがある。数日から長いときでは2週間も続き、食欲が減退する。これはどうやら、アレルギーや、松の実の酸敗臭《さんばいしゅう》に関係したものではない。[4] 科学者がまだ調べている最中だが、タカネゴヨウ（学名 *Pinus armandii*）の実、それもおそらくその変種でこれまで市場に出まわっていなかったものが、この症状の原因ではないかと考えられている。[5] 世界市場での松の実の需要は高く、中国が主要供給国となってきた。

松の実は、すべての食料に特定の健康的恩恵があるとするユーラシア大陸の伝統では、それなりの評価を受けていた。ピエール・ポメは、松の実には脂肪分が多く、「胸の疾患に効き、気つけ効果があり」、「体液のとげとげしさを和らげて正し、尿と精子の量を増し、腎臓の潰瘍をきれいにし、分解し、薄め、和らげる。内服用にも外用薬としても使えるかもしれない」と書いている。[6] これは、古代社会に広まっていた概念を繰り返したものだ。本来の風味や食感とは別に、松の実は古代の地中海世界とさらに東の地方では、媚薬と考えられていた。ギリシアの医学者ガレノスは、松の実、ハチミツ、アーモンドを混ぜたものを3晩続けて食べると性的能力が高まる、とすすめた。[7]

イタリアカサマツの原産地はわかっていない。栽培と利用の長い歴史があるためで、松の実がいつ頃から食べられていたのかもはっきりしない。ただ、現在のヨーロッパに見られる松の実を使った料理のレシピは、たいていは地中海地方で生まれたか、少なくとも地中海地方の習慣に影響されている。料理の伝統は長い時間をかけて発達し、伝えられる。松の実の料理もそのようにヨーロッパ中に知られるようになったが、アルプスより北の国々の人たちは――総じて多くの人が、松の実は海の向こうの遠い国からの輸入品だと思っていただろう――地中海地方からきたものに対して、松の木が育つ地域からのものほど信頼を置いていなかったのは明らかだ。

松の実を使ったレシピのいくつかは、アピシウスが編纂したとされる古代ローマ後期のレシピ集に記録が残っている。そのひとつに、味つきひき肉のファゴット（肉団子）がある。ひき肉に、ちぎってワインに浸した白パンを混ぜ、コショウ、魚醤、ギンバイカの実で風味づけする。「なかに松の実とコショウを入れてファゴットを成形し、網脂で包んでローストする」。[8] 肉ダネにいくつか

『健康全書』(1400年以前)の手描きの図版。松かさの収穫風景。松の実は、ガレノスの４体液説によれば「熱」と「乾」の性質をもつとされ、膀胱と腎臓によく、性欲を刺激すると考えられた。

松の実を入れる習慣は長く受け継がれ、おそらくそのもっとも複雑なレシピは、シリアのアレッポの名物「コフィタ・マブロウマ」だ。羊のひき肉、すりおろしたタマネギ、卵を混ぜ、たたいてペースト状にしたら、中心に松の実を入れた俵型にまとめる。それを丸いトレイの上に隙間なく円形に並べて焼く。[9]

松の実は、野菜や卵にかけるローマ風のソースや、パティナ（分厚いオムレツのようなもの）にも、他のたくさんの材料——リカメン（魚から作る塩気の強い調味料）やデフルタム（ブドウ果汁を煮詰めて作る）など——とともに入れる。この組み合わせは風味がよく、甘く、少し酸味がある。こうした甘酸っぱいソースに松の実を入れたものは、現在のシチリア料理にまだ残っている。地中海東部沿岸地方では多くの料理にローストした松の実を散らし、食感と風味を加える。とくにライスピラフや米や肉ダネを詰めた野菜、たとえばドルマ（ブドウの葉に詰める）やナスによく合う。松の実はサラダにもサクサクっとしたおもしろい食感を加える。また、アピシウスが紹介したものとそれほど違いはないミートボールに、いまも加えられる。キッベ（クッバ）という、生肉をたたいてパテ状にし、ブルグル小麦と混ぜたレバノン料理も上から松の実を散らす。

松の実はペスト（バジルソース）にもとろみと風味を加える。イタリアのジェノバ発祥といわれる伝統のソースだ。ニンニク、松の実、塩少々、大量の生のバジルの葉をすべて乳鉢に入れてすりつぶし、なめらかでクリーミーなソースにする。すりおろしたパルメザンチーズかペコリーノ・サルドでこくを出し、オリーブオイルで伸ばす。ハーブとナッツをさまざまに組み合わせた同様のソースは、古代ローマ時代から作られていた。このジェノバのソースの作り方が印刷物として知られ

松の実、バジル、ニンニク、ペコリーノが、ペスト・ジェノベーゼのおもな材料だ。

るようになったのは19世紀後半になってからだが、21世紀のいま、松の実をベースにした食べ物としてもっともよく知られるのが、おそらくこのソースだろう。料理家のクラウディア・ローデンはこれを「リグリア州の料理のプリンス」と呼び、著書『イタリア料理 *The Food of Italy*』のなかですばらしいレシピを紹介している。[10]

このソースはイタリア北西部のものがあまりにも有名で、一般にはペスト・ジェノベーゼと呼ばれる（ジェノバ人は地元で育てたバジルでしか本物の風味を出せないと主張する）。幅広のリボン状にしたパスタと混ぜたり、他の食材にソースとしてかけたりして食べる。1980年代以降、イタリア以外の国では、ペストは「時代遅れの、〔中略〕パスタに和えて食べるだけの規格化製品に」なり、[11]このおいしいソースを特別視しなくなったが、イタリア国内ではこれはもっと応用範囲の広いソースであり、松の

アペニン山脈のふもとの道路沿いに植えられた、イタリアカサマツの若木。

実を入れないこともある。

かつてのヨーロッパには、ポメも言ったように、松の実は「種を増やす」（男性の性的能力を高める）という信仰があり、さまざまな疑似薬的な菓子の成分に加えられた。そのひとつが、17世紀半ばにイギリスの貴族ケネルム・ディルビー卿が記録した、「気持ちが和み、力がわく、強壮剤としてよろこばしい薬菓子」だった。

枝つきアーモンドを4オンス（113グラム）、松の実とピスタチオを各4オンス、エリンゴの根と砂糖漬けのレモンピール各3オンス（85グラム）、砂糖漬けのオレンジピール2オンス（56グラム）、砂糖漬けのシトロンピール4オンス、ホワイトアンバーの粉を1シリング硬貨にのる程度の量、真珠の粉適量、アンバーグリース20粒、ムスク3粒、金箔ひと束、クローブとナツメグそれぞれ3ペンス硬貨にのる程度の量。材料をすべて細かくきざむ。砂糖1ポンド（450グラム）、半パイント（284ミリリットル）の水を加え、材料が顔を出すくらいの高さまで煮詰める。アンバーグリースとムスク、スプーン3～4杯分のオレンジフラワー・ウォーターを加える。他の材料もすべて加え、よくかき混ぜる。皿の上の型に流し込み、しばらく置いて乾燥させる。両端が乾いたら、オレンジフラワー・ウォーターと砂糖を入れ、氷水で冷やす。[12]

このレシピはおそらく、15世紀後半または16世紀はじめに手書きで記録が残されたイギリスの「ペナンデ」と同じ起源のものだろう。松の実、砂糖、ハチミツ、ナツメグとクローブで作る砂糖菓子だ。[13]このような菓子は、ヨーロッパに広く見られる甘い練り菓子の伝統を代表するものだ。それなりにおいしく食べられ、特定の健康上の問題を癒やす効果があるか、元気を回復するとみなされた材料を含む。気分を高め、体を健康で最適な状態に保ってくれる食べ物だ。松の実、アーモンド、ハチミツは、古くは媚薬と考えられていたため、それが多くの甘い菓子を生んだのだろう。「ピノッカータ」はいまではイタリアのペルージャの名物菓子として知られるが、かつてはイタリア中で作られていた。松の実と砂糖漬けのピールをきざんだものに砂糖シロップを合わせ、ウエハースの上に広げる。ほかに、すりつぶしたナッツと果物を混ぜたシエナ地方の伝統菓子、「パンフォルテ」もある。

松の実を使う菓子には、ほかにも、甘いアーモンドペーストで作るマジパンタイプのものがあり、広げた松の実の上を転がしてまぶすか、松の実を飾ったりする。これは北アフリカの地中海沿岸地

地中海地方の全域で、松の実は砂糖菓子やその他の食べ物に使われる。アーモンドペーストを丸めて松の実をまぶしたこの菓子は、北アフリカに起源がある。

方のイスラム料理の伝統に影響されたものだ。松の実は「バクラバ」［薄いパイ生地のあいだにナッツ類をはさんで何層にも重ねたものを焼き、シロップをかけた菓子］に加えたり、ケーキの上に散らしたりもする。砂糖漬けのアーモンドの代わりに、薄くてパリっとした甘い砂糖生地に松の実をはさんだ菓子は、イタリアでもスペインでも知られている。

松の実を使ったもっとめずらしい食べ物は、17世紀後半のイタリアの料理集に記録があるアイスクリームだ。この「ソルベッタ・ディ・トッローネ」を作るには――

ナポリ産の松の実を1ロトロ（約800グラム）の3分の1（約267グラム）、アーモンド半クオーター（約100グラム）を、前日から水に漬けておく。時間がないときは、熱湯を使うとすばやく膨らむ。ナッツが白くなるまで手でよくこする。全体を何度かたたき、少し水を加えて形を整える。［中略］砂糖3クオーター（約600グラム）を加える。風味づけにアンバーグリース（竜涎香）かムスクを加え、コリアンダーシードをひいたもの1トルネーゼ（硬貨にのる程度の量）を混ぜ、広口瓶〔giarra〕半分〔この地方での液体を測る単位〕の水で薄め、粒が残るペースト状になったら、裏ごししてアイスにする。4つ割りにしたアーモンド2オンス（56グラム）または松の仁の砂糖漬け2オンスを加える。[14]

松の実はほかにもイタリアの初期のアイスクリームのレシピとの関連で言及される。また、20世紀には、料理本作家のアニッサ・ヘロウが松の実の「ミルク」にマスチックとサレップ粉でとろみをつけた、レバノンのアイスクリームについて記述している。[15] 彼女は山で過ごした休暇のあいだに松かさを集め、石でたたいて開こうとしたことについてこう書く。

秘訣は、石でたたくときの力の入れ具合で、なかの実をつぶさずに殻を壊すこと。何度かはみごとに成功した。松かさも青いうちなら食べられる。熟したばかりの松かさをナイフで楔型に切ると、やわらかい、肉厚の実を取り出せる。塩をまぶして丸ごと食べる。[16]

松の実を好んで食べるもうひとつの地域は、インド北部とアフガニスタンのヒマラヤ地方だ。インドのクナワルには、「一本の木は、ひとりの人間の冬の命」という、チルゴザマツの種子に関連した言葉がある。[17] この松のラテン語名 Pinus gerardiana は、探検家のアレクサンダー・ジェラード大尉（1792～1839年）を思い起こさせる。彼は何度か、松の実を異なる現地名で呼んだ。

リー」と呼ばれる松はネオサの実をつける」。イギリス人の祖先をもつ人たちの多くと同様に、彼にとって松の実はめずらしかったらしく、どういうものかを表現するのに苦労したようだ。「形と味はピスタチオとよく似ている」と書いている。[18] 松の実はシベリア先住民の食生活でも一定の役割を果たし、松の実を圧搾した油が使われる。[19] 加熱せずにサラダドレッシングなどに使う松の実オイルは、さまざまな効能があり健康によいと指摘される。消化系によく、食欲抑制剤として効果があるともいわれる。

北アメリカでは、先住民がさまざまなマツ種の実を幅広く利用した。おそらく彼らが移動中に落とした松の実が、松の木の分布を広げたのではないだろうか。北アメリカの初期の住民が松の種子を食用にした証拠には、約6000年前にさかのぼるものがある。ネバダ州中央部のゲイトクリフ・シェルターで、ヒトツバマツの炭と種子の殻が見つかった。[20] スペインからの入植者は、地中海世界の住民のつねとして、食用の松の実にはなじみがあった。スペイン語で松を意味するピニョン(piñon)は、この地域の食べられる実をもつ松を集合的に表す言葉にもなった。イタリアカサマツをよく知るスペインの探検家たちは、これらの木も同様のものと認識したためだ。

1528年に難破したスペイン船の生存者たちは、メキシコ湾沿いの海岸をさまよってカリフォルニアに向かう途中、先住民が「殻が薄く、カスティーリャのものより良質の」松の実を食べている姿を目にしている。[21] 16世紀のスペインの探検隊は、この地域の先住民たちの松の実の利用法を記録した。あとからやってきた者のなかには、先住民から松の実やその他の食べ物を贈り物として受け取ったり購入したりして、飢えをしのいだ者もいた。

1840年代以降に海を渡ってカリフォルニアに向かった北ヨーロッパからの入植者たちは、食用にするには種子が小さすぎる松種しかない地域の出身だった。彼らはネバダを通過する頃にはほとんど餓死寸前だったが、気の毒にも、自分たちのまわりにある木が栄養価の高い種子を実らせていることに気づかなかった。北ヨーロッパからアメリカ南西部にやってきた入植者たちは、先住民の生活における松の実の重要性を見逃す傾向があった。「アメリカの固有種のほとんどは、当時の白人には経済的重要性をもつとはみなされなかった」と、カリフォルニアの植物学者ウィリス・リン・ジェプソンが1909年に述べている。[22] 19世紀の北ヨーロッパ人は、故郷では松の実を食べる経験などほとんどなかっただろう。アメリカの松の木を食料源として調査しようとも思わなかったのである。

アメリカ先住民の部族の神話では、ピニオンマツとその実は、彼らの起源と結びつけて語られる。ナバホ族の神話によれば、松の木はリスが植えたものであり、その実は原始の人々の食料になったという。また、松は世界最古の木で、太古の昔から人間の食料になってきたと信じる人たちもいる。[23] この地域を居住場所に選んだ人間が築いたもっとも驚くべき記念碑は、松の森林のなかにある断崖をくりぬいてつくった集落の遺跡、メサ・ヴェルデだ。人々がここに定住しようとした理由のひとつはおそらく、簡単に手に入る食料が豊富にあり、集落を建設する体力を維持できたからだろう。

サビンマツには──いまは使われなくなったが──「ディガーパイン（穴掘りたちの松）」という通称があった。これは、ヨーロッパからの入植者がアメリカ南西部の先住民を呼んだ軽蔑的な名前だ。春から夏にかけて、先住民が食べられる根を探して地面を掘る習慣からきたものだが、松の木もそう呼ばれるようになったのは、彼らが大きな松かさから種子を取り出していたからだと思われる（サビンマツの松かさは、大きいものだと1キロもの重さになる）。

記録をたどると、さまざまな部族が松林に行っては松の実を集めていたことがわかる。ヒトツバマツの場合には、鳥のカケスが競争相手になった。そのため、松かさがまだ若く青いうちに採集し、火で熱してかさを開けた。[24] 作家で自然主義者のジョン・ミューアは、1870年代にパイユート族の松の実の収穫風景を記録し、彼らはたたき落とすための棒と松かさを集める袋、かご、ザックを用意していたと書き留めた。松の実を採集できる季節が来ると、白人入植者のところで働いていた先住民も、その仕事をやめ、部族の仲間に合流し、全員がポニーにまたがると、よろこびいさんで木の実の成る土地へ向かった。

その騎乗の行進は、絵になる光景だった。小馬にまたがるふたりの女性が、燃え立つような赤いスカーフとキャラコのスカートをごつごつした馬の背の上でゆったりとなびかせ、布でくるんだ赤ん坊をかごに入れ、背中におぶうか、鞍頭に乗せてバランスをとっている。左右に木の実用のかごと水の入ったつぼをぶら下げ、あらゆる方向に長いたたき棒が突き出ていた。〔中略〕かごを抱えた女たちと棒をもった男たちが尾根を登り、ずっしりと重くなった木のところまで行く。子供たちがあとに続いた。その後、棒たたきが陽気に始まった。松かさが四方八方に飛び散り、岩にぶつかったりセージの藪に引っかかりながら、斜面を転げ落ちていく。それを追いかけて集めるのは女性や子供たちの役割だ。〔中略〕焙煎のための火がおこされ、煙の柱が

アルフレッド・ハートリーの「月夜のカサマツ」(19世紀末または20世紀はじめ、印刷)

立ち上ると、いっせいに歓喜の声が上がる。夜になると彼らは輪になり、カケスと同じくらいにぎやかで陽気なおしゃべりを続けながら、シーズン最初の松の実の祝宴を楽しむ。[25]

ミューアはヒトツバマツ、あるいは彼がナッツパインと呼んでいた松のことを、「これほど多くの実を結びながら、丈を伸ばそうともしない針葉樹があろうとは思いもしなかった」と言っている。[26] この松は、「この山脈ではとくに重要な食べ物の木」で、その実は「万人の舌を満足させ、鳥、犬、リス、馬、人間が食べる」[27]

北アメリカの先住民は松の実をさまざまな形で調理した。まず、臼にのせて殻を外す。そして、生のまま丸ごとたべるか、すりつぶしてナッツバターにし、焼き立てのトウモロコシパンに塗って食べる。あるいはスープにしたり、かゆ状にしたりする。部族によっては、松の実は単に他の食べ物を補うものだったが、グレートベースンのショショーニ族、北部のパイユート族、ワショ族などにとっては主食となる食べ物で、部族の食文化になくてはならないものでさえある。[28] サビンマツから採れる緑色の松かさは、春に木から手でひねり取り、食用にした。石でたたいてかさをはがし、この段階ではまだやわらかい殻に包まれた実を殻ごと食べる。松かさの中心に近い部分は熱した灰のなかであぶると、わずかに甘味が出た。[29]

サトウマツも食べられる実をつける。ジェプソンは秋の収穫の風景を記録した。

部族は高山まで長い旅に出た〔中略〕尾根にサトウマツが生えており、男たちは木登り競争をして〔中略〕祝った。サトウマツの大きな松かさからは、小さいが非常に甘い種子がたくさん採れる。[30]

部族の男たちは松の実を収穫するため、かなり高い木を登って枝を揺らし、松かさを振り落とした。ピッチを燃やし、実を取り出して選別する。ときには、ピーナツバターのような粘度になるまでたたいて砕いた。このナッツバターは祝宴のために特別に作られるもので、ドングリのスープと一緒に食べた。[31]

松の種子は植物学者に少なくとも二度、新しいマツ種の存在を教えている。デヴィッド・ダグラスは、オレゴン州北部の先住民が持っていた煙草入れの袋のなかの、ひときわ大きい松の種子に興味をひかれたことがきっかけで、サトウマツを発見した。もっと最近のキングピニオンの発見も、メキシコの市場で売っている種子を見つけたことがきっかけだった。[32]

殻つきのままの松の実を手に入れた人たちへのアドバイスとして記しておけば、殻の厚みは種によってさまざまだ。チルゴザマツの殻は薄く繊細で、指で割ることができる。ピニオンマツの実の殻は頑丈で、殻を割るには麺棒のようなものでやさしく圧力をかける必要がある（力が強すぎると仁がつぶれて役に立たなくなる）。殻が硬いので、歯で噛んで割るのはすすめない。保存するときには涼しい場所に置くか冷凍しておく（冷凍するとほぼ無期限に保存できる）。運よく新鮮なピニオンマツの実が手に入ったときは、殻つきのまま紙か布の袋に入れて涼しい場所で保存しておこう。乾燥して硬くなると新鮮さとやわらかい質感を失い、実が縮む。この段階が終わると、保存状態がよくなる。多くのレシピは松の実を料理に加える前に軽く炒るようにアドバイスするが、米やサラダの上に飾りとして散らすときは、とくにそうしたほうがいい。食感がよくなり、わずかに樹脂の風味が引き出される。

実を除けば、松は食料としては期待できないが、実以外の食材として他の利用法もいくらか記録に残っている。なかでも興味深いのは、トルコ南西部とギリシアの「松のハチミツ」だ。料理史家のメアリー・イシンの説明によれば、厳密にはこれはハチミツではないが（松の木は花をつけないので蜜は出さない）、昆虫由来の食べ物、一種のマナ［イスラエル民族が荒野の旅で神から奇跡的に与えられたという食物］ができる。カイガラムシ（学名 *Marchalina hellenica*）が分泌をうながす蜜のことだ。

バルシラとして知られる蜜は、いくつかの種の松、とくにトルコの松の枝に寄生する虫の幼虫によって〔中略〕分泌をうながされる。暑い夏のあいだには甘い液の量が増し、ミツバチを引き寄せる。ミツバチは花の蜜の代わりにこの蜜を集める。バルシラの季節になると、トルコの養蜂家たちは遠くの野原からハチの巣箱を松林のある場所へ移動させる。[33]

この習慣は17世紀から知られてきた。イシンはこの頃の松のハチミツとその手作業での集め方について述べている。

蜜をそのまま放置しておくと、周辺地域のミツバチがやってきて持ち帰る。この蜜はシグラまたはシウリヒサルのハチミツとして世界中で有名になった。ムスクと生のアンバーグリースのような香りがあり、〔中略〕そこからモスリンのように白いハチミツができ、有力者や貴族に贈られる。[34]

トルコの松由来製品には、松のシロップと「チャム・レチェリ」という若い松かさで作るジャムもある。地方の伝統的なコミュニティで松を食用や風味づけに使う習慣は、文字資料が伝える以上に世界中の広範囲に見られる。

サトウマツという通称は、この木を深く切りつけたときに分泌される甘い樹液（樹脂ではない）に由来する。北アメリカ先住民は、北西部の太平洋岸地域にヨーロッパ人が砂糖を持ち込む以前か

イタリアカサマツの特徴的な形は地中海地方の風景の一部だ。これはギリシアのストロフィリアの森。

ら、これを砂糖菓子に使っていた。ジョン・ミューアによれば――

この砂糖は、私の好みからすると甘味料として最高のもので、メープルよりもいい。〔中略〕不規則な形をして砕けやすく、キャンディのような仁から採れる。〔中略〕先住民はこれを好むが、通じ薬としての効能があるため、食べるなら少量にしておくほうがいいかもしれない。

この樹液の主成分はピニトールという糖アルコール（モノメチルD－イノシトール）[35]なので、サトウキビやビーツ由来のスクロースではないという意味では砂糖とは呼べない。ポンデローサマツやサビンマツのような他の松の樹脂も、ガムのように噛める。

松はほかにも、飢えをしのぐ必要最低限の食料となるか、あるいは薬として使われてきた。エイルマー・バーク・ランバートはこう述べている。

リンネの研究から、ラップランド人は冬のあいだ――ときには一年中――松の内皮を調理したものを食べることがわかっている。これは「樹皮のパン」と呼ばれている。乾いてざらざらした樹皮の外側部分を注意深くはがし、やわらかくて白い、繊維質の、水気の多い部分を集めて乾燥させる。〔中略〕料理に使う直前に炭の上でゆっくりと焼き、細かい穴があいて硬くなってきたらすりつぶして粉状にする。それに水を加えてねり、適当な大きさに分けて丸型に薄く延ばし、オーブンで焼き上げる。[36]

同様の習慣はアメリカ東部の先住民のあいだでも報告されている。彼らはおもにストローブマツを使った。野外活動家のユーエル・ギボンズは、これを調理して食べてみることにした。ストローブマツの内皮をゆで、「もちっとした塊になると、わずらわしい木質繊維が簡単に取り除けた。〔中略〕おいしさという点では物足りない」。先住民は樹皮と肉を一緒に調理する習慣があったという記録にならい、「樹皮を肉と一緒に煮てみると……樹皮を食べられる状態にするどころか、おいしい牛肉を無駄にしただけに終わった」。乾燥させて粉状にし、パンのように焼くものについては、樹皮にはわずかにテレビン油のにおいがあり、最初は非常に甘いが、そのあとで、苦味と渋みがいつまでも残る、とわかった。ギボンズはストローブマツの新しい枝の樹皮を砂糖漬けにする方法も実験してみた。これはニューイングランド人のあいだで記録された習慣だ（「かなり味のよい咳止めの薬になるだろうと考えていたのだが……私がこれまで口にしてきた糖剤のほうがよほどいい」と彼は述べている）。マツの針葉はビタミンAとCを豊富に含む。最終的にギボンズはこう結論した。

松の葉の茶は、細かくきざんだ生のストローブマツの針葉約28グラムに、約570ミリリットルの熱湯を注ぐ。これが、私が試してきたなかでもっとも口当たりのいい松由来の食品だ。レモンひとしぼりと砂糖少々を加えると、かなりおいしく楽しめる。[37]

ただしギボンズはこの調査のあいだ、採集した食べ物だけを食べていたわけではない。過去の人々は彼ほど恵まれてはいなかった。デヴィッド・ダグラスは自身の日記に、スポケーン［ワシントン州東部］に到着したとき、現地で彼を迎え入れてくれたフィンレー家には提供できる食べ物が何もなかった、と記している。フィンレー氏と彼の家族がその6週間で食べたものといえば、カマシア（学名 *Camassia quamash* ユリ科の植物）の根と――

松の根元に生える黒い地衣類だけだった。調理法は次のとおりだ。木から集めてきて、小さな枯れ枝をすべて取り除く。水に漬けて完全にやわらかくする。その後、熱した石のあいだに草や葉をはさんで何層かにした上にのせる。石は地衣類が燃えてしまわないためのものだ。同じ草や葉で覆い、土を軽くかぶせたら、石の熱が地衣類に通るまで通常は一晩ほど置く。冷める前に、薄い生地状に伸ばして調理しやすくする。[38]

松林はさまざまな種のキノコの宝庫として知られる。なかでもタマチョレイタケ（学名 *Polyporus*）に属するキノコは、中国では長寿を望む人たちのための優れた薬になるとされている。中国にはこんな興味深い話もある。正山小種《せいざんしょうしゅ》［ラプサンスーチョン］という中国茶をいぶしたときの芳香は、偶然できたものだったという。

摘んだばかりの茶葉が運び込まれた茶工場に数人の兵士が宿営したため、茶の加工が遅れてしまった。兵士たちが去ってから茶葉を市場まで間に合うように運ぶには、通常の手順で乾燥させる時間がなかった。そのため作業員たちは屋外で松の木材を燃やし、乾燥過程を短縮することにした。[39]

最後は、松かさを多産の象徴とした古代の信仰に由来するシチリア島の菓子を紹介する。パレルモのカーニバルやメッシーナのクリスマスに作られる「ピニョッカータ」だ。これは、一口サイズにした生地を油で揚げ、ハチミツとオレンジ風味のシロップにくぐらせたもの。材料に関しては松とはまったく関係がないが、古代の松かさと多産の結びつきをイメージしている。[40]

第6章　神話の松、芸術の松

古代人が松に抱くイメージはじつにさまざまだったようだ。だが大きくは、ユーラシア大陸の両端に発する、どちらも複合的なふたつの要素に分かれる。一方は地中海地方の古代の神々とその信奉者に関するもので、しばしば暴力的なイメージをともなう。もう一方は中国の、年月によって培われる静かな知恵のイメージだ。北ヨーロッパの人々やシベリアのシャーマンも松の木についての信仰をもち、真冬に起こる再生と関連していることが多かった。他の文化、とくにコロンブス上陸以前の北アメリカの文化にも松の木に関する象徴的な神話はあったが、記録があまり残っていないか、近代化の波のなかで失われてしまった。

古代の地中海世界では、松はゼウス、[1]ポセイドン、ディオニソスにとって神聖なものだった。松には、変性と純潔（木と枝、ピテュスの神話）、多産（松かさ）、残忍な死などのイメージがあった。ポセイドンにささげるイストミア祭の勝者には、松の冠が授与された。牧羊神パンは松の冠をかぶり、[2]これは狩猟の女神ディアナも同じだった。クロエも松の冠をかぶっていたが、ダフネがそれを

エドワード・キャルバート「パンとピテュス」（19世紀半ば／描画）

奪い取って自分の頭にのせた。[3]

古代ギリシアでは松かさは多産の象徴だった。これは、さらに古い時代に起源がある信仰だったのかもしれない。紀元前9世紀から紀元前8世紀にかけてのアッシリアのレリーフに、羽の生えた男性の姿をした精霊が松かさの形をしたもの（実際のところは何なのかはっきりしない）を手に持ち、それを使って樹木を授粉させているらしい姿が描かれているものがある。古代ギリシアとローマでは、松かさの多産の象徴はさらに明確になる。デメテル女神にささげるテスモポリア祭では、松かさをはじめとする繁殖のシンボルがデメテルの聖所に投げ入れられ、酒の神ディオニソスの信者たちは先端に松かさをつけた棒や枝（おそらく男根の象徴）を持ちこんだ。ディオニソス神は松の木ともうひとつの結びつきがある。デルフォイの神託で、コリント人が特定の松の木をディオニソスと同じように信仰するように命じられた。そこで人々は松の木からふたつのディオニソス像を作った。顔を赤く塗り、胴体を金メッキした像だ。[4]

フリギア人――「青銅の時代」にアナトリアに住んでいた

バルダッサーレ・ペルッツィ（1481 ～ 1536年）「ライオンが引く馬車に乗るキュベレ」（ペンと茶のインク／茶の水彩）。キュベレ女神が多産の象徴である松かさと小麦の穂を手に持っている。

人々――の神話には、もっと陰鬱で残忍な物語もある。神々の母キュベレに愛された植物の神アッティスを松の木と結びつけたものだ。神話によくある入り組んだ物語のなかで、おそらくアッティスはキュベレの息子であるか、あるいは一本の木に実るアーモンドを食べて妊娠した少女から生まれた。その木は、ゼウスとキュベレの悪魔の息子、去勢されたアグディスティスの生殖器から育ったものだった。

植物の神々はしばしば暴力的な死を遂げ、その後によみがえる。アッティスの死の物語にはふたつのバージョンがある。一方では、アドニスと同じようにイノシシに殺される。もう一方では、彼は自らの性器を切り落とし、松の木の下で失血死する（彼を礼拝する司祭たちも自ら去勢した）。[5]アッティスは死後、松の木に姿を変えた。

ローマではアッティスを崇拝するカルトが生まれ、3月の祝祭で松の木を切り倒し、キュベレの祭壇に運んで神として扱う。木材を運搬する者たちの特別なギルドがこの務めを果たした。松の幹を遺体であるかのように扱い、羊毛の帯で巻く。それをスミレの花冠――スミレはアッティスの血から育った花とされた――で飾り、神をかたどった像を木にくくりつける。

社会人類学者のジェームズ・フレイザーは、『金枝篇』のなかでアッティスの神話を取り上げ、ここには「いにしえの社会を強く物語る」野蛮性がある、と述べた。[6]フレイザーは、徐々にわびしくなる秋の森のなかでも常緑の松の木は、「フリギア人の目には、より神に近い命が宿る場所に見えたのかもしれない。〔中略〕厳しい季節の悲しい現実とは無縁の、身をかがめて松を迎え入れる空と同じように、未来永劫そこにあるものとして」と推測している。[7]

彼が示唆するところによれば、松が神聖視されるもうひとつの理由は、松の実と関係しているかもしれない。キュベレの儀式は飲めや歌えの乱痴気騒ぎで、おそらく松の実から醸造されるワインと結びついていた。[8] これより暗く血にまみれたマルシュアスの神話もある。マルシュアスはサテュロス［山野の精霊。姿は半人半獣］あるいは羊飼いで、キュベレの友人だった。彼はアポロンとの音楽勝負に打ち負かされて松の木につながれ、皮をはがれた。フレイザーはこれが、かつてはキュベレの司祭自身の運命だったのかもしれない、と考えている。[9]

数千年の昔から、松かさは人間を魅了してきた。1202年に、フィボナッチの名でも知られるレオナルド・ダ・ピサ（ピサのレオナルド）が、数字が一定の条件で拡大していくときの数列、いわゆるフィボナッチの数列（1、1、2、3、5、8……）［ひとつ前の項とふたつ前の項を足していくことでできる数列］が自然界によく見られると指摘した。しかし、それよりずっと前の古代地中海世界の芸術作品のなかに、この数列がもっとも一貫して、目に見える形で具体化されたものがある。酒の神ディオニソス（バッカス）が鹿の皮を身に着け、チュルソスを手にし、パルナッソスの松林を飛び跳ねる姿を描いた図像だ。[10]

チュルソスとは先端に松かさのついた長い杖――野生のフェンネルの茎だったともいわれる――のことで、ディオニソスと彼の信奉者である巫女のマイナスたちなど、「浮かれ騒ぐ者たち」が手に持つ。これは男根を具象化した多産のシンボルと解釈され、ディオニソスとその信奉者の表象としてよく用いられる。ポンペイの秘儀荘には、ディオニソスのカルトに入門する女性たちの入信儀式のようすを描いた壁画がある。その1枚では、ディオニソスが母セメル、あるいは妻アリアドネ

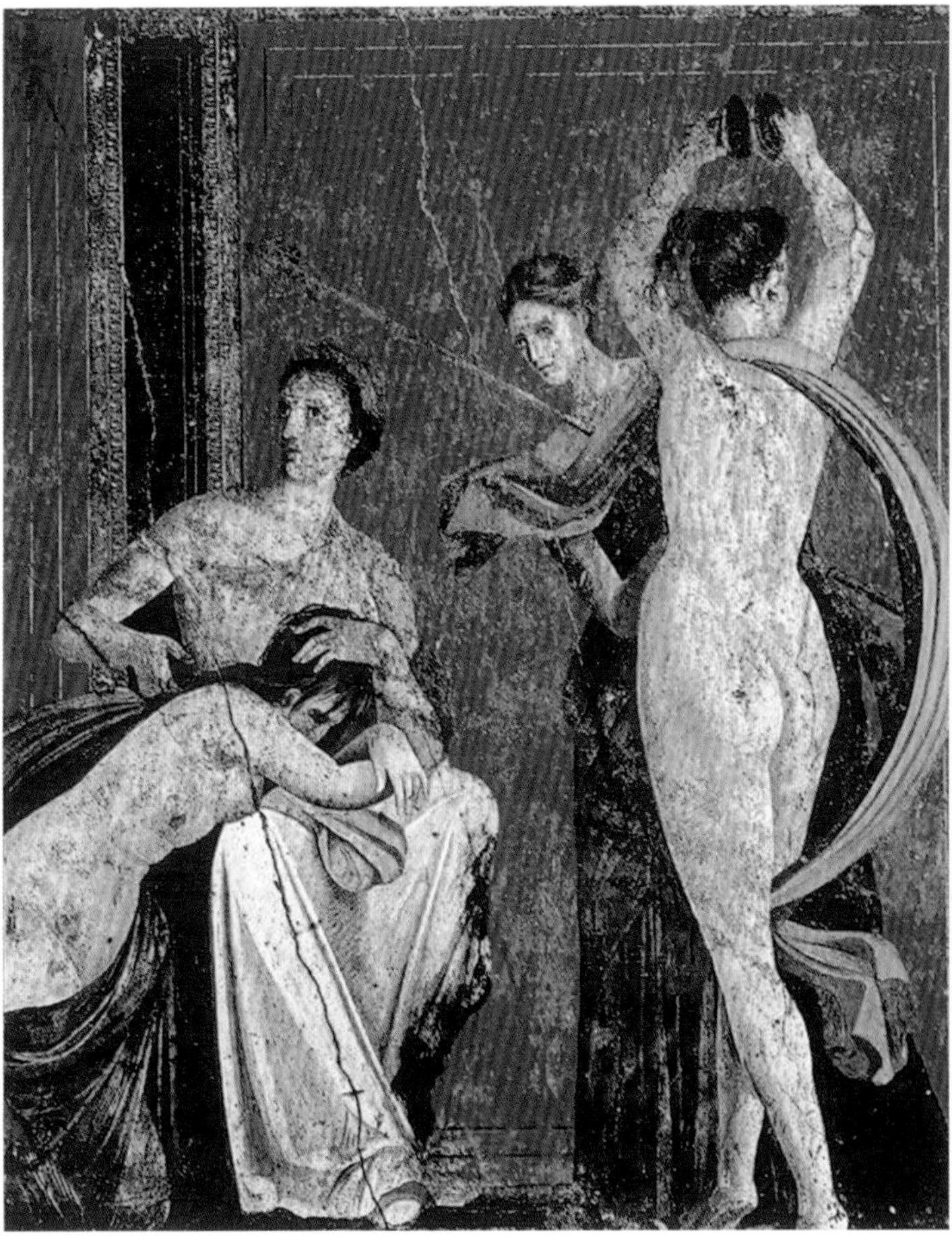

ディオニソス（バッカス）のカルトの入信儀式を描いた、ポンペイの秘儀荘のフレスコ画。紀元前１世紀後半に製作されたもの。入信者が世話役のひざに身をうずめ、別の女性が先端に松かさがついたテュルスを差し出している。

の足元で、玉座の階段に大の字になって寝そべっている。セメルかアリアドネの腕が彼を支え、リボンを飾ったチュルソスが、フレスコ画を斜めに横切る形で描いてある。ほかの壁面は痛みをともなう恐ろしい入信儀式の一連の場面であり、そのあとに、おびえたようすの入信者にチュルソスが手渡されている絵が続く。[11]

ほかにも多くの表象が、とくに黒と赤を使って人物を描いたギリシアの陶器に見られる。古代マケドニアの都ペラの紀元前4世紀のモザイク画には、ヒョウに乗ったディオニソスが、松かさがついたチュルソスを手にして、そのリボンをなびかせている姿が描かれている。古代の彫刻にも、チュルソス、ディオニソス、マイナス、従者シレノスらをかたどったものが多数ある。

マイナスは17世紀以降のヨーロッパの画家たちが好んで描いた題材だった。「トーガ［古代ローマで男性が着用した一枚布の外皮］を着たヴィクトリア朝人」と呼ばれた19世紀の新古典派の画家たちは、さまざまな形で見捨てられた若く美しい女性をマイナスとして描いた。これは、当時受け入れられていた女性の描き方からは大きく異なるものだった。ジョン・ウィリアム・ゴッドワード（1861～1922年）は、チュルソスを手にしたバッカスの巫女たちを少なくとも4回は描いている。ジョン・メイラー・コリア（1850～1934年）の『バッカスの女祭司 *Priestess of Bacchus*』は、マイナスと同じように動物の皮とツタの冠を身に着け、松かさが先端についたチュルソスを手にしているが、浮かれ騒ぐマイナスたちに秩序をもたらそうとする表情を見せている。フランスのアカデミズム派の画家ウィリアム・アドルフ・ブグロー（1825～1905年）も、バッカスの巫女たちを題材に選んだが、ポルノ寄りの、肌を半分だけ覆うヌードを好んだ。『ファウヌスとバッカスの巫女『*Faun and Bacchante*』では、にやけたファウヌス［ギリシア神話のパンに相当するローマ神話の森の神］がマイナスを抱きかかえている。ワインを飲みすぎたマイナスは手足に力が入っていない。絵の下のほうにはチュルソスが見える。大皿に描かれたブグローの『ヒョウに乗るバッカンテ *Bacchante on a Panther*』は、ペラのモザイク画を踏襲しているが、ヒョウに乗っているのは半裸の女性で、上品に足を交差させ、チュルソスを振りかざしている。

古代の地中海地方は、奉納用の松かさを豊富に産出した。キプロス島では、紀元前100０年から紀元前1世紀頃の松かさもいくつか見つかっている。松かさのモチーフは、1～2世紀のローマのガラス製の水差しやフラスコ瓶にも現れる。その頃に噴水として鋳造された、プブリウス・キンキウス・サルウィウス・リベルタス作の巨大な青銅の松かさは、ローマのカンプス・マルティウス地域に設置され、第4地区は「ピーニャ地区」と呼ばれるようになった。噴水はその後ローマ教皇シンマクスによりバチカンに移され、17世紀からは中庭に特別にしつらえられたスペースに収められた。[12] ダンテは『神曲』のなかでこのブロンズ像のことを、ローマのサンピエトロの松かさと呼んだ。

18世紀と19世紀の応用美術［芸術としての美術を日常生活に応用したもの。対義語は「純粋美術」］では、松かさはシンプルな装飾モチーフになった。たとえば1770年頃には、イギリスの陶磁器メーカーのロイヤルウースターが磁器の装飾デザインとして松かさを使った。松かさのモチーフを使った有名企業にはほかに、銀製のボウルに松かさの模様を使ったティファニーや、宝石で飾った卵や松かさ型のデキャンタ・ストッパーを考案したファベルジェなどがある。松かさは18世紀と19世

1世紀に製作された松かさ型の青銅の噴水。現在はバチカンの中庭に置かれている。

紀の銀細工にも人気のモチーフとなり、ティーポットのふたのつまみなどに使われた。

どの時代にも、新たな見方で過去が再解釈される。21世紀を生きる者には、松かさを多産の象徴とする考え方はあまりない。むしろ、インターネットの検索結果から判断するならば、霊知のようなものと結びつけるほうが多くなったようだ。その大きな理由は、松果体《しょうかたい》への関心が高まったためだろう。脳の深部にある松果体は松かさに似た形の小さな器官で、最近では東洋の神秘主義に見られる「第3の目」の概念とも結びつけられるようになっている。

松の木と枝がモチーフとして使われることはそれほど多くない。おそらく松かさより描くのがむずかしいからだろう。ポンペイのモザイク画に、ピテュスが松の木に変わるようすを描いたものがある。16世紀半ばにフィレンツェのシニョリーア広場に設置されたバルトロメオ・アンマナーティ作の「ネプチューンの噴水」は、ネプチューン神が松の針葉と松かさをかたどった鉄の冠をかぶっており、古代のイストミア祭の松の冠の習慣をなぞっている。

北国の暗く寒い冬を不思議にも耐え抜く常緑樹の葉は、古くからヨーロッパ人の興味を引いてきた。スカンジナビアとロシア北部の祭りは、時代が移り変わっても、春の再生と6月の新たな成長を祝ってきた。[13] 作者不明の『樹木崇拝 *Cultus Arborum*』によれば、16世紀末のリボニア［現在のエストニア南部からラトビア北部にかけての地域］では依然として松には超自然的な力が備わるとみなされていた。この本のなかに、旅の途中でエストニアを通ったレオナルド・ルベヌスという修道士の話が出てくる。

〔ルベヌスは〕そこで驚くほど樹高が高い、巨大な松の木を目にした。枝はさまざまな古い布で、根元は多くの麦わらの束と干し草で覆われていた。彼は近くに住む男性に、これにはどんな意味があるのかとたずねてみた。その男性は、近隣の住民はこの木を敬愛し、無事に出産を終えた女性たちが干し草の束をささげにくるのだと答えた。特定の時期に大樽に入れたビールをささげる習慣もあったらしい。[14]

しかし、ルベヌスは軽蔑のしるしとして、その木に十字の切り込みを入れ、さらには絞首台を加えた。

『樹木崇拝』には、四旬節の中日の日曜日に、色紙とスパンコールを飾りつけたシレジア地方の松、「フラウ・フィヒテ（松の夫人）」の枝を子供たちが持ち運び、馬小屋の戸口に吊り下げる話が収録されている。動物に害が及ばないようにするための風習だ。ほかにも、松には風の精霊がすみつくと信じられ、「そよ風が吹くと、その木からささやき声のようなものが聞こえた」という話が載っている。幹の穴や節は精霊の出入り口とされていたのである。スウェーデン南部のスモーランドの美しい女性（実際にはエルフ）が、木の壁の節穴から家族のもとを去ったという話もある。ドイツの一部地域では、痛風を治す方法のひとつとして、松の木に登り、一番上にある若枝に結び目を作りながら、「松よ、ここに私を苦しめる痛風を結びます」と唱えるならわしがあった。[15]

さらに東のバイカル湖周辺に住むブリヤート人は、ヨーロッパアカマツなどの木立をあがめていた。そこはシャーマンの森で、人々は森の精霊の怒りを買うことをおそれ、通り抜けるときには沈

バイカル湖の湖畔に立つ「シャーマンの木」と呼ばれる1本の松。布が巻かれたり結びつけられたりしている。

黙を保った。ここでもやはり、村の近くに単独で立つ木は、護符やリボン、羊皮で飾られた。これらの木はたとえカラマツであっても、習慣として「松」と呼ばれた。ブリヤートの神殿はいまでも見ることができる。シャーマンが指定した場所に柱が立ち、布や小さな供え物で飾ってある。[16]

民族史学者や民俗学者は以前から、常緑樹——松、モミ、ヒイラギ、ツタ——と冬至の頃の祭りがなぜ関係づけられるのかについて調査をし、他の多くの植物が死んだように見える冬にも、これらの木が緑の葉を茂らせているからだと考えた。アルバート公がドイツからイギリスに持ち帰ったと伝えられるクリスマスツリーにもこの考えが反映されているにちがいないが、この風習はしだいに家族愛を感傷的に表現するものに変わり、かつての異教信仰の名残は失われてきた。童話作家のハンス・クリスチャン・アンデルセンは、「小さな松の木」(「小さなモミの木」とされることもある）という戒めの物語を書いた。その木は大きくなりたいと願い、やがてクリスマスツリーとなって美しく飾られる。しかし、クリスマスが終われば捨てられる運命にあり、その後に何が起こるかなど、ほとんど考えもしない。

21世紀のクリスマスツリー市場では、松はモミやトウヒと競い合い、値段や「針落ち」の程度などが購買のポイントとなる。ソヴィエト連邦時代のロシアでは「ヨールカ」と呼ばれるクリスマスツリーを飾る習慣は新年に移され、政治的に許される範囲で祝うものとなった。アメリカ人作家のシャロン・ハディンズは、グラスノスチ［「情報公開」の意。1980年代後半にソ連のゴルバチョフ政権が推進したペレストロイカ（改革）政策の重要な柱］後のウラジオストクで、高層アパートの部屋に運びこまれようとしている松の木を目にした。「冷気のなかでみずみずしさを保つため、窓の下枠から逆さまに吊り下げられた木は、根こそぎにされた常緑樹が風に吹かれているように見えた」[17]

中世や近世初期のヨーロッパでは、芸術のモチーフとして松を使うことはめずらしかった。数少ない作品のひとつに、中世フランスの寓意的な物語『薔薇物語』を詳述する彩色挿絵入りの写本がある。その庭には「美しい松の下に噴水があり、その木はとても高く、まっすぐ上に伸びていた」[18]。画家のサンドロ・ボッティチェリは『ナスタジオ・デッリ・オネスティの物語 *Nastagio degli Onesti*』を4連作として描いた。これは悲劇が幽霊のような形となって繰り返される物語で、ある騎士がラヴェンナの松の森で自分を拒絶するひとりの乙女を追いかけ、やがて死にいたらしめる、というものだ。

ボッティチェリの作品は、松の森が15世紀にはどのように見えたのかを伝えてくれる。森の地面

サンドロ・ボッティチェリの『ナスタジオ・デッリ・オネスティの物語』の第1画（1483年頃、板にテンペラ）。ラヴェンナのカサマツの森「ピネタ」で繰り広げられる、亡霊による狩りの風景。松は中世初期に最初に植えられたもの。

はすっきりとして、遠近法を使って描いた、細くまっすぐ伸びる樹木の幹の列が視覚的なリズムを与えている。個々の木には濃い色合いの樹冠が傘のようにのっている。この樹冠の形は、ひとつには、燃料用の木材を得るために下のほうの枝を刈り取ったことによるものだ。ボッティチェリが描いたふたりの木こりは、赤いタイツにグレーのチュニックという特徴的な派手な衣服を身に着け、黒い帽子には風で飛ばされないようにひもがついている。狩り用の動物としてウサギとシカも描かれている。

松の木の描写は、19世紀に入ると頻繁に目にするようになる。松は針葉樹の典型として風景画家の作品に描かれ、のちには印象派の作品にも見られるようになった。ドイツのロマン派の画家カスパー・ダーヴィト・フリードリヒ（1774～1840年）は、印象的な光を背景にした松の木の絵を数多く描いた。その一枚である「山上の十字架 *Cross on the Mountain*」（1808年）は、十字架の後ろに、黄金色に染まる夕暮れの空

カスパー・ダーヴィト・フリードリヒ「教会のある冬の風景」(1811年頃/キャンバスに油彩)

を背景にした松またはモミの木のシルエットを描き、木の先端は背景の教会とも呼応している。「朝 *Morning*」(1820年頃)は、夜明けの空を背景にした針葉樹の森から立ち上る霧の風景だ。松の木の描写はそれほどドラマチックではないが、広大な風景のなかの樹木が精神的な要素を感じさせる。これは中国や日本の伝統的な絵画でよく使われてきた題材でもある。松の木はフリードリヒの他の作品にも繰り返し描かれている。雪のなかの松もあれば、狩りの風景や滝の背景としての松もあり、さらには、さほど広くはない、より身近な土地の、それでもまだ自然のなかの松を描いたものもある。

19世紀後半から20世紀はじめにかけて、ロシアの風景画家が描く松の森の霊的な深い静けさが注目されるようになった。イヴァン・シーシキン(1832~1898年)は松林の絵で有名になった画家で、その代表作のひとつ、「松林の朝 *Morning in a Pine Forest*」（1889年、52ページ参照）は、数頭のクマが原生林の倒れた木の幹の上で遊んでいるようすを描いたものだ。シーシキンもまた、その場の雰囲気や天候の違いで印象が異なる松の木という題材に注目し、夏の太陽や冬の雪とともに、あるいは散歩したり小川を眺めたりする森のなかの松を描いた。

北方の針葉樹の森は、19世紀はじめ以降のフィンランドの画家たちの題材でもあった。ペッカ・ハロネン（1865～1933年）もこの伝統的なテーマに取り組み、自然のなかの松の木、とくにずっしりと重い冬の雪をのせている風景や、まっすぐな枝が積もった白い雪でやわらかくしなっているような風景（「キナハミの冬の風景 *Winter Landscape at Kinahmi*」、1923年など）のほかに、農地として利用するため森林を伐採する人間の姿（「カレリアの開拓者」、1900年）を描いた。

印象派やその後継の画家たちは、それまでとはまったく異なる風景の見方を絵画表現に取り入れ、明るい日差しと地中海の豊かな色が特徴の絵を次々に描いた。ポール・セザンヌ（1839～1906年）は「大きな松の木 *The Large Pine*」を少なくとも2回描いた（1889年と1895～97年）。フィンセント・ファン・ゴッホ（1853～1890年）は「松の木とタンポポ *Pine Trees with Dandelions*」（1890年）を描いた。彼の目をとらえたのは、松の樹皮のリズミカルな質感と、松の木にあたる光がタンポポの綿毛に反射しているようすだ。ほかに、「沈む夕日と赤い空に松の木々 *Pine Trees Against Setting Sun with Red Sky*」（1889年）もある。点描画家のポール・シニャック（1863～1935年）の作品では、小ぶりの黒いカサマツを主題にフランスのコートダジュールの風景を描いた「カルービエでの傘の松 *Umbrella Pines at Caroubiers*」（1898年）と、

ポール・シニャック「帆船と松」(1896年／キャンバスに油彩)。シニャックの描く松は、日本の浮世絵などにも見られるように、風景と強烈なコントラストをなす。

「サン＝トロペの松の木 *The Pine Tree at St Tropez*」（1909年）の明るい海岸の光と豊かに茂った葉が印象的だ。

カナダの画家集団「グループ・オブ・セブン」［1920年に7人の画家が集まって展覧会を開いたことからこの名がついた。メンバーの出入りもあり、実際には10人ほどの画家がこのグループに属した］も、松の木に関心を示した。19世紀から20世紀の変わり目に活動した彼らは、印象派や日本美術、表現主義の画家たちの影響を受け、時代を経ても色あせることのない魅力的な作品を残した。夏のあいだは自然のなかで描き、冬にはアトリエでキャンバスに向かって仕上げをした彼らの作品には、広く知られるものもある。とくに、トム・トムソン［グループ・オブ・セブンの生みの親ではあるが、1920年の展覧会に参加した7人には含まれない］の「ジャックパイン *The Jack Pine*」（1916〜17年、206ページを参照）は印象的だ。1本の松の木が薄緑と金色の空を背景にシルエットで描かれ、後景にはまだらに雪が残る紫色の山々と、水面に空を映す湖が見える。この作品の素材は「洋画」だが、技法とコンセプトと構図は、日本の海岸線の松原の風景を思い起こさせる。

1本または複数本の松を、水、山、空とともに描いたカナダの画家たちの作品としては、代表的なものに、トム・トムソンの「西風 *The West Wind*」（1916〜17年）、フレデリック・H・バーリーの「荒天、ジョージア湾 *Stormy Weather, Georgian Bay*」（1920年頃）、A・Y・ジャクソンの「夜、松のある島 *Night, Pine Island*」（1924年）、アーサー・リズマーの「宵のシルエット *Evening Silhouette*」（1928年）などがある。

カナダの森のより日常的な側面を描いた作品もある。フランツ・ジョンストンの「森林火災警備

トム・トムソン「ジャックパイン」(1916～17年／キャンバスに油彩)。カナダの「グループ・オブ・セブン」の画家たちの作品は、日本の版画の影響を受け、松の木と風景のなかでの位置づけについて、カナダ人の感性を培うことに貢献した。

員 *The Fire Ranger*」（1921年）は、カナダの広大な風景と、森に覆われ不規則な形をした山々の上に綿のような雲の浮かぶ広い空を描いたものだ。森林火災警備員自身は、森と空に比べれば小さく見える複葉機によって、その存在が示されるだけだ。トム・トムソンの「夏の日 *Summer Day*」（1915年頃）は、さらに大きな空の広がりと、湖の対岸に何本かの枯れ木が伐採か森林火災のあとにまだ残っている光景を描いている。J・E・H・マクドナルドの「鉄道と往来 *Tracks and Traffic*」（1912年）は、雪の中に積み上げられた木材とその後ろの蒸気機関車、さらに遠くに見えるガスタンクと工場の煙突で工業化された都市の風景を描き、このすべてがカナダ経済に何を意味するのかを示唆する。

植物画は、西洋美術に松の木を描くもうひとつの方法を紹介した。カメラでは不可能な、人間の目が切り取る細部の描写だ。写真技術が発達する以前の科学的必要から生まれたこの手法は、いまも、どんな写真よりはっきりと植物の細部を見せてくれる。エイルマー・バーク・ランバートの『マツ属』に掲載されたフェルディナント・バウアーの図版は、絵画史上もっとも美しい松のイラストだ。ジョージ・ラッセル・ショーの『マツ属』など、他の本に使われた描画もすばらしい出来で細部の描写に優れているが、バウアーの作品の美しさと気品にはかなわない。描画はいまでも、植物についての真実を写真より深く伝える。21世紀のアルジョス・ファルジョンの一見シンプルに見える線描画は、松の木の多様性、細部のつくり、優雅さからその本質を表現する。

対照的に、中国文化は古くから松を重要な題材とみなしてきた。中国では、松から連想されるものはヨーロッパとは大きく異なる。中国人は古代から、松の耐久性と、年月によりゆがめられた形

中国の固形の墨。松の木と龍が金を使って描いてある。18世紀後半または19世紀はじめのもの。

と樹木としての美しさを、知恵、長寿、歓待の心、忍耐力の象徴として、また風景の特徴としてあがめてきた（松を人間の老いと結びつける考え方が深く根づいているからだろう、中国のある大きな介護施設グループは「pine tree care 松の木のケア」をインターネットアドレスにしている）。客人を歓待するシンボルとしてもっとも有名な生きた松のひとつが、安徽省黄山《こうざん》の「迎《げい》客松《きゃくまつ》」だ。この地域は急峻な山が連なる風景で有名で、ほとんど垂直に切り立つ崖の岩肌に松の木が生えている。ここには「迎客松」のように個別の名前がついた松の木が多い。朝鮮半島や日本の文化でも、個々の松に名前をつけて敬う伝統は共通している。

　中国美術には松の木がよく描かれる。多くの西洋人が中国の風景画と聞いてイメー

Ting Ying-Tsung、松・竹・梅を描いた無題の作品。17世紀。

ジする形式が発達したのは9世紀以降で、霧のかかった風景を思わせる淡い色合いに、力強い筆遣いで樹木、山々、鳥、建物などを加えた。その根底にある、調和、尊敬、清浄、平穏という原則が、観察者の目によって何もない空間を想像力で埋める美学につながる。深い精神的重要性をもつ中国の風景によく見られる特徴として、松の木はこれらの絵画に本当によく描かれる。

松、竹、梅は「歳寒《さいかんの》三友《さんゆう》」と呼ばれ、古いものでは中国と日本の9世紀の作品に、この3つの組み合わせを構図に使ったものが見つかっている。松と竹は常緑の植物で、梅の花はその年の早い時期に咲き始める。そのため、この3つが集まると、長寿、力強さ、忍耐、希望の象徴として縁起のよい組み合わせになる。他の植物、動物、岩などとの特別な組み合わせも、しばしば結婚における貞節と関連した象徴的な意味をもつ。[19]

日本でも、松は実生活と芸術の両方で同じような重要性をもつ。

松は長寿の象徴であり〔中略〕知恵と知識を想起させる。環境の変化に耐え、季節が変わっても常緑を保つ。自然の厳しさを耐え抜く強さがある。[20]

松は種によって成長の仕方が異なり、日本のアカマツは比較的葉がやわらかく、樹皮もなめらかだが、クロマツの葉は硬く、樹皮もざらざらしている。この特徴はそれぞれ、女らしさと男らしさの象徴とみなされ、アカマツは雌松、クロマツは雄松とも呼ばれる。日本文化ではニョウマツ（二葉松）の針葉は貞節を意味する。大阪湾をはさんだ両岸に立つ住吉の松と高砂の松は離れ離れの年老いた夫婦で、住吉の夫が毎日高砂の妻を訪ねる、という伝説がある。松は新年との結びつきも深く、竹と松で作る「門松」が、神を招き入れるために門や戸口の両脇に置かれる。[21]新年に松を飾る古くからの風習は21世紀の現在まで受け継がれている。ただし新年を祝う日は、現在は陰暦ではなく太陽暦の1月1日に移された。

日本でも中国と同じように十二支の体系が用いられ、年と日に割り振られる。日本には、新年に野に出て粥に入れる薬草を摘み、小松の根を引く習慣があった。松の長寿にあやかろうというもので、少なくとも8世紀にまでさかのぼる習慣だ。年が変わってはじめての「子《ね》の日」に行なわれ、「子の日」が元日と重なると、とくにご利益が大きいとされた。11世紀はじめの源氏物語にも、この習

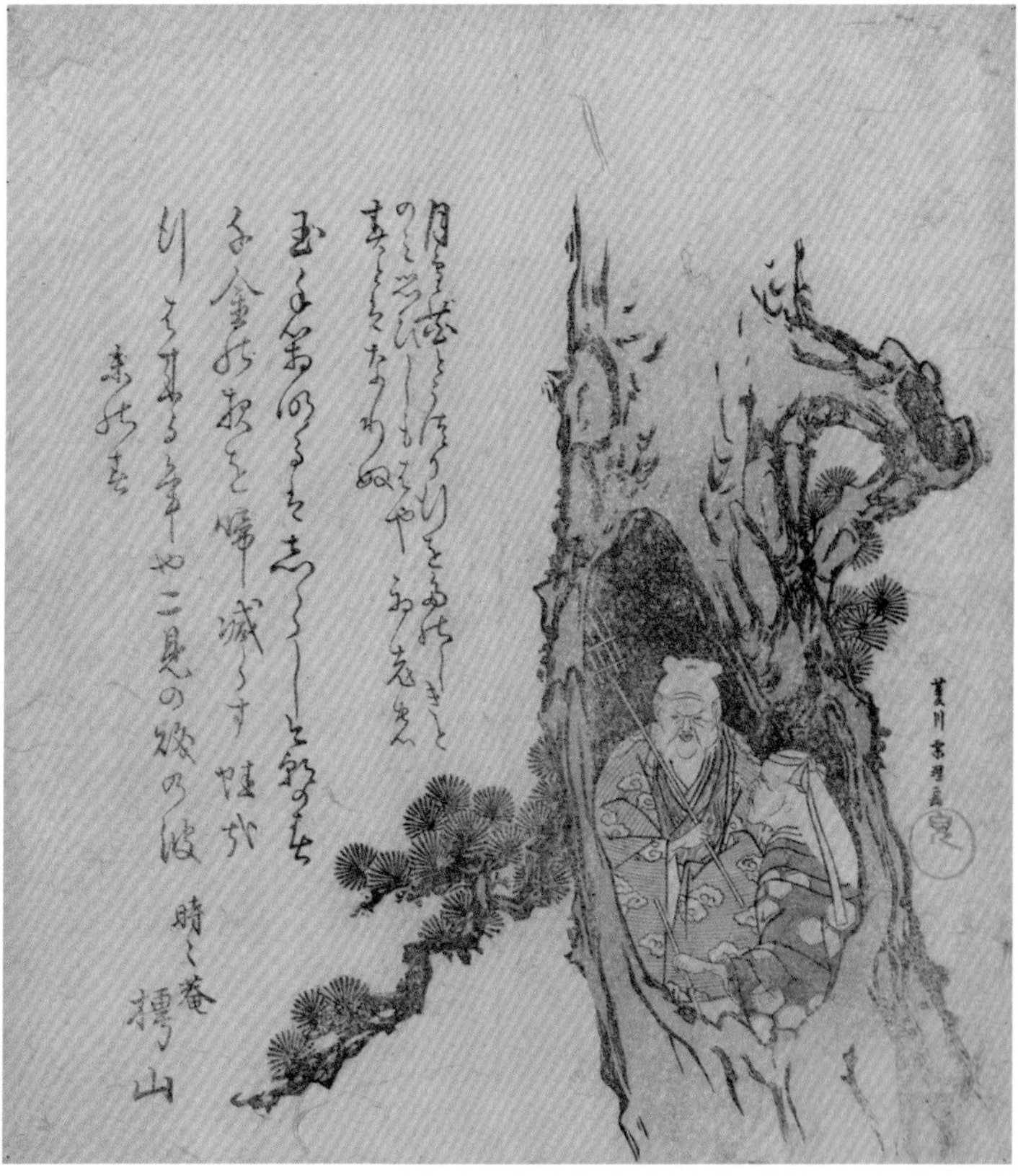

葛飾北斎「松の洞の高砂の尉と姥」（1811年／木版）。日本では少なくとも14世紀から松は貞節の象徴でもあった。能の演目に、人格化された２本の松が毎夜出会う物語がある。

葛飾北斎「小松引き」(1804 ～ 07年／木版)。古代の日本の信仰では、松の若木を引き抜くと縁起がよいとされた。

慣に言及した話がある。主人公である光源氏は、元日に自分の娘のお付きの少女たちが庭の小山で遊び、小松の根を引くのを目にする。[22]

新年の祝いの品にも松の枝が添えられた。その表立った意味は「長寿の願い」だが、松の若木は子供たちを意味するものでもあった。日本語では松は「待つ」という動詞と同じ音をもつ。そのため詩のなかでたびたび言葉遊びが行なわれ、愛する誰かを待つ者の心情を、松と重ね合わせて表現する。松の木の暗喩を使った日本の詩歌を英語に翻訳する者にとっては幸いなことに、英語の pine for にも「思いを寄せる」という意味があるため、もとの日本語のニュアンスをある程度は伝えることができる。

中国と同様に、日本でも松は風景の主役であり、長寿や忍耐など深い意味が織り込まれ、しばしば芸術の題材に使われる。松の木の形は積乱雲のような形の葉を横の層に、ほっそりした

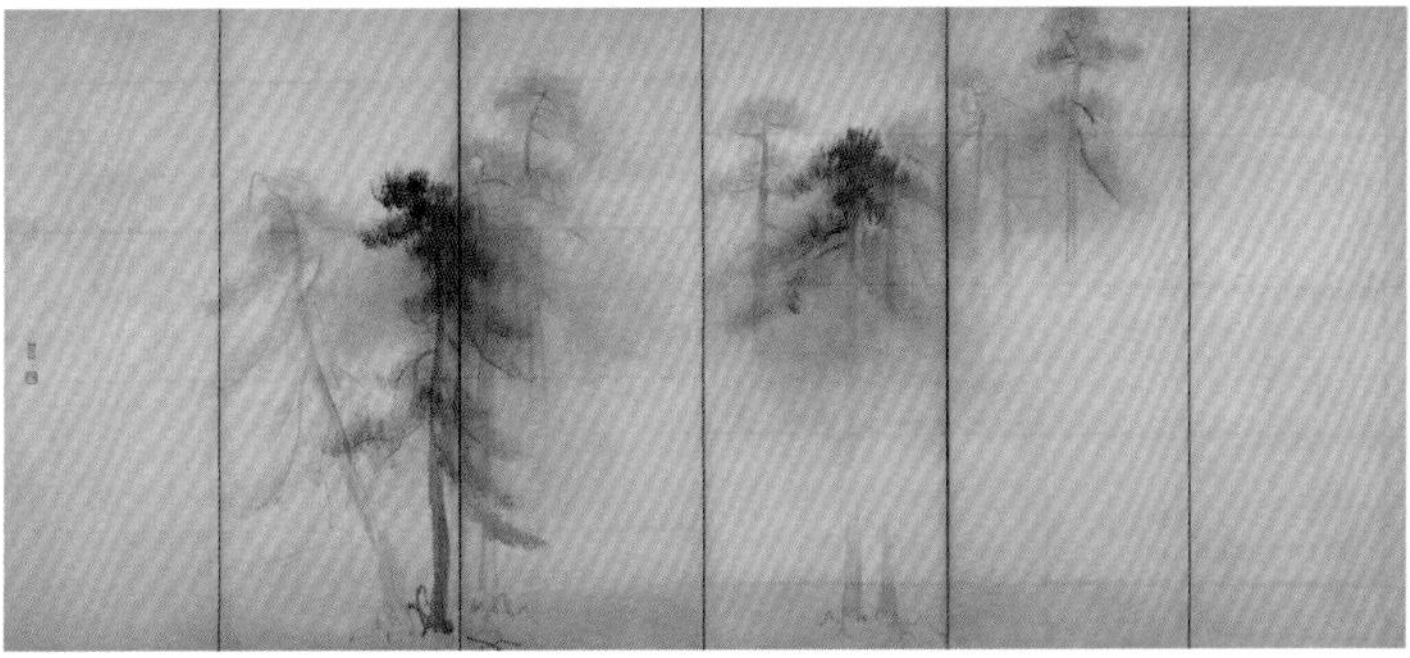

長谷川等伯「松林図屏風」（16世紀／紙に墨彩／東京国立博物館蔵）。中国と日本の画家はヨーロッパ人よりずっと前から、霧のなかの松の風景に魅了されていた。

幹を縦のラインに配置して表現される。これらは個々の木や場所というより、松の木全般の本質としてとらえられる。一見したところ、何の苦もなくすっと立っている松の姿は、ヨーロッパの画家たちの作品で表現されるものとはまったく異なる現実を映す。松の木は掛け軸や漆器、陶器にも描かれる。海岸線のクロマツを描いた「浜松」は、ことのほか印象的だ。この題材は1000年以上前の平安時代（794～1185年）にはじめて表現されたと考えられている。なかでもとくに美しさがきわだつ例が、オーストラリア国立博物館所蔵の1550年頃のものとされる作品だ。金色の屏風に、画面右から中央の少し左寄りまで、何本かの松が不規則ながらも同じ形を繰り返しながら浮かぶように並んでいる。画面中央の下のほうを横切る青い帯は海を表し、小さな2艘の舟が木々のあいだの馬の群れとバランスよく配置されている。この作品はラヴェンナの松林を舞台にしたボッティチェリの『デカメロン』と同じくらい洗練されているが、ずっと平和的に見える。しかし、どちらも松についての真実——静けさ、形態、移り行く人間の世界には無関心に見える永続性——を伝えている。こうした屏風の上の様式的な松の描写は、逆に、本物の木を加工して屏風画家たちが描く松の形のように再現しようとする試みにまでつながった。[23]

極東の庭師たちは、造園の世界で松の木のもっとも驚くべき使い方をしてきた。中国の寺院の中庭では、古くからシロマツが主役だった。年月とともに、シロマツの樹皮はつやのある白になり、遠くからでもすぐ目に入る。個々の木は古さと美しさと、その枝葉がもたらす陰影によって高く評価される。元朝時代の詩人、張翥《ちょうしゅう》は、松について次のように書いた。

松葉は銀のかんざしのように
細く鋭く……
寺院のわきの松は霧雨のなか
丈のある白い竜のごとく見える[24]

中国人は「盆景《ぼんけい》」の考案者でもある。樹木を制限されたスペースで育て、成熟しているが丈は切り詰めて形を整える芸術だ。西洋人には日本語の「盆栽」の呼び名のほうがよく知られている。日本ではさまざまな形の松を盆栽として見ることができる。たとえばゴヨウマツ（五葉松）は、小さな針葉の束が上向きにつき、注意深く優雅に鍛えられた幹が45度の角度でジグザグに伸びる。対照的にクロマツ（黒松）は、小さいながらもどっしりした幹に、根は土をつかもうと反り返り、逆さまの枝が（比較的）長い針葉の束をつけている。

日本の庭園はこの国の風景、信仰、美学と切っても切れない関係にある。松を植えることが多いため、もはや庭園になくてはならない樹木ともいえるほどだ。[25] 庭木の松——刈り込みや形を整える剪定をしながら育てる庭の木で、英語では cloud pruning と呼ばれることもある——は、「巧みに形を整え、節だらけの幹、広がる枝、丸められた樹冠など、『木の本質』を表すような特徴を引き出す」文化的工芸品となる。[26]

こうした庭木の松は、かつて個人所有だった庭を一般に開放した栗林《りつりん》公園［香川県高松市］の特徴だ。

この庭を格別に美しくしているのは、松の木だ。見渡すところ、どこにでも松がある。島の上に集まり、斜面を這い上がり、長い毛虫のような垣根を形成し、景色を縁どり、池の上にせり出している。[27]

遠近法を用いた熟練の技術と、岩、砂利、小山をうまく利用すれば、高さ1・5メートルの松が、遠目では丈の高い山の松のように見える。幹には曲線やよじれを生じさせ、下のほうの枝は取り除かれて、上部の枝はまっすぐ水平に、あるいはジグザグの動きをつける。

松を模した絵柄は、日本の織物にもよく見られる。風景画の技法をそのまま絹地に移したものもあれば、様式化した松、たとえばきらきら光る冬の景色に、枝の上の黒い、あるいは花火のように広がる長い針葉の束を表現したものもある。シンプルな絵柄では二葉の松葉を描く。同様の模様は「刺し子」（紺地に白糸のステッチ）にも見られる。布地に松の木を染める場合は、たいてい決まっ

葛飾北斎「石灯籠のそばで松の落ち葉を掃く男」(1830 ~ 50年/描画)。極東の芸術では、枝から放射状に延びる葉が、松の木の絵に共通して描かれる要素だ。

アンドリュー・メルローズの絵画「マリポサ・トレイルから見たヨセミテ渓谷」（1887年頃）から作成されたカラーリトグラフ。ヨーロッパ人がカリフォルニアのヨセミテ渓谷の花崗岩がむきだしの風景と松の森を探検し始めたのは1850年代からだ。画家、詩人、写真家、初期の環境保護者たちはみな、この地域に心を奪われた。

た色が使われる。おもに濃緑、オレンジ、赤さび色だ。織物の場合は洗練された模様に仕上げられる。ダマスク織に似た技術も使われ、たとえば芸妓が使う上質の絹の帯に、松の枝先の芽と渦を巻くような葉を金糸で織り込んで表現したものもある。[28] 20世紀半ばのイギリスで、「松」または「森」を表現した、さえない濃緑の制服をがまんして着ていた人たちにとっては、この美しい松の絵柄は驚くべきものだ。

北アメリカでは、コロンブス以前の時代の松の木の象徴的意味合いの大部分は、すでに失われたか、民族史学者が残したノートにいまも埋もれたままだ。コロラドピニオン（学名 *Pinus edulis*）は先住民文化の重要な一部だった。子供たちを松の若木にたとえる日本の伝統にも似ているが、アパッチ族の母親たちは自分の子供たちの「揺りかご板」を若い松の木の東側に置き、松にこう話しかける。「ここにあるのは赤ん坊を運ぶ道具です。

これをまだ若く成長しているあなたに差し上げます。どうか、私の子供もあなたのようにすくすくと成長しますように」。ナバホ族にも似たような習慣がある。ただし、木のそばに置くのは死んだ子供の揺りかご板に、健康な子供の揺りかごのレースを取りつけたものだ。男性が子供から大人に成長するときのイニシエーション（通過儀礼）の儀式では、松の若木に儀式用の道具を置く。ピッチを燃やして芳香を漂わせ、儀式用の杖も東西南北の基本方位にある松から選んだ枝で作った。[29]

　現在の西洋文化における松の象徴主義は、極東や古代ヨーロッパの神話に見られる生き生きとしたイメージにはかなわない。それよりは、松の経済的重要性と自然界での役割に関連する要素が強い。松かさはローマ時代からアウグスブルク（バイエルン州）のシンボルとして反物の封印や銀の商標に使われたが、北アメリカの植民地文化における松の使い方は、より明確に政治や貿易と結びついていた。松は17世紀から18世紀にかけてのニューイングランドの硬貨や州旗、また、キルトの模様に使われた。バーモント州の紋章には、13植民地とバーモントを表す14の枝のある松の木らしきものがデザインされている。ストローブマツはメイン州（「松の木の州」）の州木として、紋章や州旗にあしらわれている。植民地時代に造船用の木材が豊かだったことから選ばれたものだ。アラバマ州の州木は、１９９７年にダイオウマツと定められた。

　北アメリカでは、松の木の形と風景を探検する代替手段が、もっとも美しく記憶に残るイメージを生み出した。数百は下らない新聞や刊行物に掲載された写真が、産業用伐採の規模と、アメリカ南西部の崇高な風景の両方を、大衆の意識にきざんだ。ヨセミテ渓谷はとくに重要で、１８６１年には早くも写真の題材になっていた。この年、カールトン・ワトキンスはガラス板を使う重い大判カメラを山に持ち込み、ヨセミテの景観や樹木の風景を写真に収めた。彼の写真は1862年にニューヨークで展示され、1863年にアブラハム・リンカーン大統領が署名した法律の成立に大きな影響を与えた。実質的に、彼の写真のおかげでヨセミテ渓谷が国立公園になり、鉱山会社や製材会社が手を出せない公共の土地として守られることになったのだ。[30]

ワトキンスの写真は、ヨセミテの写真で有名になったアンセル・アダムス（1902〜1984年）の仕事の先駆けとなった。アダムスは、空、水、壮大な山々を写し取ったモノクロ写真と、多くの松を含む生態系の詳細な観察で、ヨセミテの景色を形作ることに貢献した。クローズアップ写真では、松の枝先や、針葉が雪の塊から姿を現しほっそりと黒い扇形に開いているようす、松かさ、幹や枝がよじれて樹皮もはがれた枯れ木の木肌などを見せる。森林を構成する樹木を広角でとらえた写真には、よじれた大枝に雪をのせた松の木を他の樹木と対比させたものや、圧倒的な山の風景を埋める松の樹冠、さらには、風雨に耐えてきた頑丈の松の幹の直線的なラインが、巨大な滝となって流れ落ちる白い水や、氷河の侵食でできた谷を渦を巻いて流れる水のやわらかな曲線とコントラストを成すさまを表現したものもある。アダムスは遠近法を思いのままに操り、典型的な針葉樹の形をした松を、背景にある円錐形の山より高く見せたり、前景にある1本の松を後景の岩棚に並ぶ他の松に溶け込ませたりしている。ときには、小さな黒い二等辺三角形に見える松が、山の斜面を横切るように連なる曲線が、ヨセミテの壮大な地形を強調する。[31]

最近の西洋世界をもっとも魅了してきた松といえば、ブリストルコーンパイン［37ページの写真参照］だろう。マイケル・コーエンは『ブリストルコーンの庭 *A Garden of Bristlecones*』のなかで、その美しさを考察し、年月と天候、とくに雪と砂粒を運ぶ風が、これらの古代の樹木の森を形作ったと論じた。

木立と個々の木の美しさは、一定の方向から強く吹きつける風で形成される。それはまた、光が差し込む方向でもある。明るい朝には松が光から生み出されたように見えるが、これは幻想ではない。〔中略〕風、寒さ、光が高木限界で重なり、樹木に一定の秩序をもたらす。[32]

一本一本の木はどれも似かよって見えるが、同時に違ってもいる、とコーエンは述べる。枯れ木の森に差し込む光は写真家を魅了するが、じつは、これらの樹木の日陰になった裏側にはまだ大量の葉が残っていることに彼らは気づいていない。芸術家泣かせなのは、樹木を遠くから見ると、個々の特徴が薄れて単調な風景になってしまうことで、緻密に描くか抽象的に表現するかで悩まなければならない。環境の違いが樹木の形に与える影響については、彼の妻が岩石層の異なる場所に見つかるいくつかの木立を比較し、日当たりのよい場所か、日陰で暗い場所かによって、幹や枝のラインや形、全体的な針葉樹の樹形がどう異なるかを、近くから、遠くから見て考察した。

ブリストルコーンパインに対する最近の見方には、松の長寿を尊ぶ極東の習慣に近いものが感じられる。ブリストルコーンを切り倒すのは罪だという感覚は1990年代に広まった、とコーエンは指摘する。この議論は「単なる好奇心にとどまらず、森の存在がいかに重要であるかが認められた」ことを意味するのだろう。[33] 松の外形への興味と、その驚くべき長寿への畏敬の念の結びつきが、この動きの背景にあるように思われる。おそらくそうした意識をもつことは、植民地としての歴史が短く、古木を大量に切り倒してきた国にとってはとくに重要だ。

第7章 松の枝を鳴らす風の音

ジョン・イーヴリンはロマン主義の繊細な感性にわずらわされることのない世界に住んでいた。彼はアルプスを越えてブリガに向かう北への旅のあいだの出来事を日記に綴った。

翌朝、われわれは再び馬にまたがり、奇妙で恐ろしい、松の多い険しい岩山と平原を進んだ。熊と狼と野生の山羊だけがすむ土地だ。ピストルの弾が届く範囲には何も見えない。地平の彼方にあるのは岩と山々。その頂上は雪で覆われて空と接し、あちらこちらで雲を突き抜けているように見える。[1]

山での生活は困難だ。野生動物は危険で、イーヴリンの著書『シルバ（または森林論）』によれば、松の木はその利用性に目をつけられ栽培の対象になった。

イギリスの作家アン・ラドクリフは、『ユードルフォの謎 *The Mysteries of Udolpho*』（1794年）

W・ラールの絵画「クレンペンシュタインの城館」（1845年）をもとにしたA・H・ペイネによる版画。ロマン主義運動の影響で、山の風景と針葉樹の森の見方は、不快な障害物から、その雰囲気にあこがれをもたれる旅の目的地に変わった。

のなかで、主人公のエミリーを山中の風景のなかに送り出した。「アペニン山脈の恐ろしい暗闇、〔中略〕競い合うようにそびえる山々の頂が遠くまで続き、その尾根は松に覆われている」。ユードルフォの城に向かう山道は「静かで、寂しく、崇高」だった。[2] 崇高な自然という概念とロマン主義の感性は、最終的には非実利的な自然観につながった。その典型を北アメリカ大陸西部の風景に見ることができる。このテーマでもっとも影響力ある著述家のひとりが、スコットランド生まれの自然学者、ジョン・ミューアだった。散文やジャーナリズム分野の多産な作家は西海岸の山脈やヨセミテ渓谷の壮大な風景のとりこになり、それについてたびたび書いている。「神の盛大なショー」が彼に豊かな題材を与えた。

やわらかな雪をかぶった、あるいは嵐のな

かで揺れる盛りの時期の松を、あなたも目にできればどんなによいか。夏のそよ風にけだるそうに揺れているところか、静まり返った日差しを浴びて、動きを止め、眠りに落ちたところしか見たことがない者たちは、松の木の本質がほとんどわかっていない。[3]

ミューアは自分の経験を記録した。その内容はどんなにロマンチックな人の心をも動かすだろう。

日が暮れるとブラックと私は一緒に馬に乗り、サトウマツの森へと山を登っていった。月明かりに照らされた彼の古い牧場へ。巨大な、司祭のような松が、賛美する者たちの上に腕を広げる。風が歓迎の歌を歌った。無慈悲な氷河と水晶のように透き通った流れの泉がそこにある。〔中略〕房になった葉がせり出し、私の両頬をかすめる。〔中略〕８時頃、奇妙な音が押し寄せ、松を波立たせた。「死の調べだ」。ブラックは馬をなだめ、耳をそばだてながら言った。「どこかのインディアンが死んだのだ」[4]

ミューアの松への賛美はつきない。「サトウマツは世界中の松のなかで間違いなく王様だ。ポンデローサマツは不屈の闘志をもつ、よろいを身につけた高貴な騎士。何も恐れず、誰のことも非難しない」[5]。シエラネバダの環境と樹木に夢中になった彼は、いまでいうところの環境保護運動家になった。１８９０年代はじめのヨセミテとセコイアの国立公園指定に貢献し、また、国有林という土地分類法の成立にも手を貸した。さらにはシエラクラブ――現在もアメリカでの影響力が大きい自然保護団体——の共同設立者にもなった。

多くがミューアの松への愛に共鳴してきた。そのひとりが、やはりスコットランド人の家系のロバート・サービス（1874～1958年）だ。彼は詩人としてのキャリアの初期にカナダ西部で暮らし、そこで出会った人や自然について多くの詩を書いた。「黒い松 Dark Pine」では、死後の自分の魂が松の木をすみかにできたら、と願っている。

ああ、私の魂がこの身を離れるときには
どうか北の原野へ導かれますように
そして見捨てられた一本の松にふさわしい最後の運命を見出せますように
北極の嵐に引き裂かれた松
雪に苦しめられ、風になぶられ、孤独に取り残された
バイキングの幹、戦士の木
鉄の地と氷の空の
暗黒の運命に囚われるも
死するを潔しとしない

そこに私がこがれる故郷がある
もし樹木のなかに人間のような魂があるなら——

それはもちろん幻想で
私のような間抜けのほかには誰も考えはしない

他の者には天国の門をくぐる夢を見させるがいい
私は黒い松に迎えられることを夢見ている[6]

サービスは完全なロマン主義の流儀で松の木の本質を表現する。その頑強さ、過酷な土地と土壌と気候に耐えて成長する力、長寿、そして荒野のランドマークとして立つ松の姿を、彼は賛美した。詩人は、目立たないが重要な松の側面に言及する唯一の観察者でもあった。風が松の枝を吹き抜けるときの音である。おそらく、このため息のような風の音が、ピテュスとボレアスの神話の背景にあったのだろう。ウェルギリウスは次のように述べている。

メネラウスの丘にはささやく松がある
すべての松が歌う
羊飼いの愛の言葉と
牧神パンの笛の音を聞く[7]

「ささやく松（whispering pines）」はのちに、とくに北アメリカでは家や家財によく使われる名前になったが、歌ったり話したりする松は、繰り返し詩のなかで語られてきた。イギリスの詩人リー・ハントは、ラヴェンナの松が鳴らす音に言及して、「合唱のように枝を揺らす」と書いたことがある。[8]

松の木が鳴らす音は、中国人の興味を引いた。彼らも詩のなかで何度となくその音に言及した。伝統楽器の古琴のための楽曲に「松を通り抜ける風の歌」というものがある。有名な音楽家、嵇康《けいこう》（224～262年）の作ともいわれる曲で、歌詞は次のような内容だ。

千の枝と万の葉が風に吹かれてざわざわと音をたてる
麗しき人が琴を取り出しその調べが曲を成す
松林で生まれる音は短くもあり長くもある[9]

音楽と木々の調和という概念が伝わる歌詞だ。ほかにも多くの例があり、たとえば「厳寒の山を登る」の詩は、雨が降らないのに足を滑らせる苔や、風もないのに歌う松の木など、険しい山道を神秘的に表現する。[10]

松の木から聞こえる音の詩的なとらえ方については、アメリカの詩人のヘンリー・ワーズワース・ロングフェローも一度ならず言及している。たとえば「エヴァンジェリン」（1847年）は、アカディア［現在のカナダのノバスコシア州とアメリカのメイン州東部に相当する地域］の若い女性が別れ別れになった恋人を探し求めて、アメリカの見知らぬ土地を旅する物語だ。

馬麟「静聴松風図軸」(13世紀／絹に墨と彩色)。松の木を吹き抜ける風の特徴的な音は、おもに神話と詩の題材だった。中国詩ではとくに重視された。

作者不詳の中国の掛け軸。松、竹、岩、キノコが描かれている。16世紀後半または17世紀はじめ、紙に墨と彩色。

ここは原始の森。風にざわめく松と栂《つが》は、苔のひげを生やし、
緑の衣を着て、たそがれ時にはぼんやりかすむ……[11]

極端な韻律が彼の詩の特徴だが、「ハイアワサの歌」（1855年）ではいくぶん控えめだ。

インディアンの村をぐるりと取り巻くように
牧草地ととうもろこし畑が広がる
その向こうにある森には
歌う松の木立がある
夏には青く、冬には白く
絶えずため息をつき、歌っている……[12]

ロングフェローと同時代のイギリスの詩人、バリー・コーンウォール（本名はブライアン・ウォラー・プロクター。1787～1874年）も、松の奏でる音に魅了されたひとりだ。

すさまじいうなりを上げる
激しい風が森の上を吹きすさび
松の枝を押し曲げる……[13]

そして、「イトスギ、イチイ、謎めいた松、黒い木々」についても語る。

夜になると震えるのだ
哀愁を帯びた枝の音と
死のため息に[14]

そよ風に吹かれたときの松の音は、当然ながら木の種類によって異なる。マイケル・コーエンはブリストルコーンパインの音についてこう述べている。「流れる空気が低音の調べを誘い、ダイオウショウの森では何のささやきも聞こえてこない[15]」。

松の音は音楽家も魅了してきた。なかでも注目すべきは作曲家のオットリーノ・レスピーギ（1879〜1936年）だ。彼はローマの町の音をテーマにした交響詩三部作のひとつとして、「ローマの松」を作曲した。[16]ラルフ・ワルド・エマーソンの詩、「木の調べII Woodnotes II」は、超越主義についての自分の考えを模索し、松の木を主題かつ語り手として、逆境に抵抗する力と人類に耳を傾けてもらいたいという願いを言葉にしている。

神託を心に留め
我が呪文を熟慮せよ
頭のなかで歌が目覚める

風がうねり
予言の音を鳴らす
背後の岩山では闇が震え
無数の松葉が弦となり
森の神の歌に調べを合わせる
よく聞け！　よく聞くのだ！[17]

この古代から生き残ってきた、粘り強く適応力のある樹木は、無限に近い歳月、地殻と気候の変動に耐えてきた。数多くの異なる環境にうまく適応し、他の多くの樹木があきらめた土地で辛抱し、同時に卓越した個性をもつ種に成長した。松の木を何かのシンボルとする象徴主義は多くの文化に深く根づいている。松の森は人間に熱と光を与え、炭化水素燃料の発明以前には、北半球の多くの地域で、松の樹脂が人々の生活を支えた。おそらく、将来には再びその利用価値に注目が集まる日がくるだろう。私たちは松を大切に扱い、敬い、その声に耳を傾けなければならない。

安藤広重「吉原」(1833 ～ 36年／木版画)。水にはさまれた狭い道沿いに松並木が続く日本の風景。

謝辞

ヨーク大学図書館職員と大英図書館（セント・パンクラス本館とボストン・スパ分館）に感謝を込めて。ルース・グラントはロザーマーチャス周辺を車でまわってくれた。着物コレクターのセリ・オールダムは日本の織物に描かれる松の絵柄に私の目を開かせてくれた。マーガレットとウィル・グラント夫妻は、古典資料の翻訳で手助けしてくれた。アンジェラ・ダヴィッドソンとヘレンとナシルのサベリ夫妻は、遠く離れた土地から松の実を持ち帰ってくれた。クリス・チャイコフスキは彼女のブログを引用させてくれた。森林委員会のシーラ・ワードとイギリス林業協会のデヴィッド・ソールマンは、私の質問に辛抱強く答えてくれた。イワン・デイとギリアン・ライリーはイタリア料理のレシピに関して手を貸してくれた。ヴィエンナ・ジョンソンとアグネス・ウィンターは原稿の最終段階でサポートしてくれた。エリン・ドッド、キャロライン・ホール、リンダ・ボッラ、ヴァレリー・ジャクソン＝ブラウン、ジョン・ライトは、図版と植物の詳細で協力してくれた。リアクション・ブックスのマイケル・リーマンにも感謝を述べたい。彼の辛抱強さは称賛に値する。デレク・ジョンソンの生活は、松の木に侵略されている。

訳者あとがき

日本人にとって松は目にする機会も多い、ごく身近な樹木の代表だろう。古くから人々の暮らしとともにあり、日本文化に欠かせない役割を果たしてきたことは、人名や地名に「松」の文字があふれていることからもわかる。実用的な用途だけでなく、風景の主役にもなるし、庭木や盆栽として「生きた芸術作品」にもなる。

日本や中国で親しまれる木としてのイメージが強いが、世界には思いのほか多くの種類の松がある。本書は世界に分布するマツ科マツ属の樹木をテーマに、生育環境の違いにより異なる性質や形態、用途に注目し、植物学者たちを悩ませてきたマツ属の分類をめぐる混乱ぶりにもふれながら、人間による松の利用の歴史を振り返る。また、文化によって異なる松のイメージがどのように地域独自の風習を生み、文学や芸術に反映されてきたかについても考察する。

松の見かけ上の特徴はなんといっても針葉樹の名称そのままの針のように細い葉と、不思議な形をした球果（松かさ）だろう。松かさの複雑な構造はまさに自然の造形美で興味がつきないが、本書で紹介されている種子を散布するための仕組みもおもしろい。風で種子を拡散するタイプの松の種子には、風にうまく乗るように翼がついているものが多い。鳥や小動物の力を借りて種子を散布する松もある。驚かされるのは、山火事の熱を利用して、樹脂でしっかり閉じられていた松かさの「かさ」を開くタイプの松だ。大きな山火事であれば松の木そのものは焼きつくされてしまうが、その犠牲のおかげで、地面にまかれた種子は十分な日光と養分を得て、新たな世代の松として成長するのだという。

「松の木のあらゆる部分が、どの時代にも、世界中のどこかの文化で何らかの使い方をされてきた」(第4章)とあるように、木材や燃料としてはもちろん、松は古代から世界各地でさまざまな形で使われてきた。なかでも重宝されてきたのは松脂と松脂由来の製品であるテレビン油とピッチだ。ピッチには殺虫剤、防腐剤、接着剤、保存料、香味料など幅広い用途があり、かつて木造船には板の継ぎ目の充填剤や船具の防水剤としてピッチは欠かせなかった。ほかにも、油分を含む松の枝を燃やせば松明になるし、もちろん、食用の松の実も忘れてはいけない。しかし、松材やピッチや松の実の需要の高まりは、無計画な伐採による森林破壊ももたらした。その反省が環境保護活動を広げ、アメリカにおいては国立公園制度の成立にもつながっていく。

さまざまな角度から世界の松を考察する本書は、松という木の奥深さを教えてくれる。日本の松についてはそれほど多くは書かれていないのだが、松原の風景、絵画に描かれる松、庭木や盆栽など、おもに松が生み出す景観と芸術に注目している。世界の松と比較することで、クロマツやアカマツなど芸術的価値をもつ日本の松への親しみが一層増すようにも思える。

秋も深まったある日、散歩ついでに松の野外観察を行なった。紅葉の季節には赤や黄に葉を染める樹木に主役の座を奪われがちだが、濃い緑の葉をたたえる松は貫禄たっぷりで、威厳と生命力を感じさせる。一本のアカマツの下で枝を見上げると、小さめの松かさが「鈴なり」になっていた。根元に落ちていた松かさは、かさが開ききって一見もう役目を終えているかに見えたが、拾い上げて逆さまにしてみると、翼つきの種子がはらりとこぼれ落ちた。

世界が一変した2020年という年が、まもなく終わろうとしている。厳しい環境に適応し、必要とあれば少しずつ形態を変えながら生き抜く松は、忍耐と長寿の象徴であるとともに、再生の象徴でもあるという。門松とともに迎える新たな年には、よい方向への変化が訪れることを期待したい。

田口未和

2020年12月

Garden Library: pp. 23, 81; illustration for an unidentified Latin edition of Sebastian Munster, *Cosmographia* (?Basel, 1544–52): p. 87; Museo Nationale Romano, Rome: p. 70; Museo del Prado, Madrid, Spain: p. 201; Museum für Kunst und Kulturgeschichte, Dortmund: p. 202; National Gallery of Art, Washington, DC : p. 139; National Gallery of Canada, Ottawa: p. 206; image courtesy of New Zealand Post Limited: p. 153; photo otme/2012 iStock International Inc.: p. 28; Palace Museum Collection, Taichung: p. 228; photo photosbyjim/2012 iStock International Inc.: p. 124; Frank A. Polkinghorn Jr: p. 137; from Pierre Pomet, A Compleat *History of Druggs* (London, 1737): pp. 66, 94; private collections: pp. 204; photo S. M. Produkin-Gorskii: p. 141; photo Rigamondis/BigStockPhoto: p. 45; photo Roger-Viollet/Rex Features: p. 121; Sen-oku Hakuko Kan, Kyoto: p. 50; from the *Seventh Report of the Forest, Fish & Game Commission of the State of New York* (New York, 1902): p. 155; photo Jason Smith/2012 iStock International Inc.: pp. 43; Smithsonian American Art Museum, Washington, DC : p. 31, 48; photograph courtesy Spanierman Gallery, LLC , New York: p. 137; The State Russian Museum, St Petersburg: p. 136; State Tretyakov Gallery, Moscow: p. 52; from Sung Ying-hsing, *T'ien Kung K'ai Wu* (1637): p. 160; photos reproduced by kind permission of the Syndics of Cambridge University Library: pp. 66, 74, 77, 84, 94; Tokyo National Museum: pp. 213; from Joseph Pitton de Tournefort, *Corollarium Institutionum rei herbariae* . . . , vol. II (Paris, 1703): p. 23; U.S. Forest Service: p. 30; photo U.S. National Library of Medicine (History of Medicine Division), Bethesda, Maryland: p. 68; Vassar College Art Gallery, Poughkeepsie, New York: p. 104; The Warner Collection of Gulf States Paper Corporation, Tuscaloosa, Alabama: p. 49; from *Maximilian zu Wied-Neuwied, Maximilian Prince of Wied's Travels in the interior of North America during the years 1832–1834* (London, 1843–4): p. 134.

写真ならびに図版への謝辞

著者と出版社は図版の提供と掲載を許可してくれた関係者にお礼を申し上げる(キャプションを簡潔にするため含めなかった情報の一部もこのページに掲載している)。

Photo afhunta/BigStockPhoto: p. 114; Art Gallery of Ontario, Toronto: p. 151; from J. J. Audubon, *Birds of America* (New York, 1840–44): p. 25; photos author: pp. 12, 18, 20, 34, 41, 54, 59, 99, 108, 128 (top), 149, 164, 172, 173; collection of the author: p. 223; photo John Baker: p. 105; photo basel101658/BigStockPhoto: pp. 39; Bibliothèque Nationale de France, Paris: p. 170; photo Derek Blair/Rex Features: p. 161; from Achilles Bocchius, *Achillis Bocchii Bonon. symbolicarum quaestionum de universo genere quas serio ludebat* . . . (Bologna, 1555): p. 62; from Hieronymus Bock, *Kreuter Büch, darin Underschied, Würckung und Namen der Kreüter so in Deutschen Landen wachsen* ··· (Strasburg, 1546): p. 68; British Museum, London (photos © Trustees of the British Museum): pp. 72, 189, 190, 208, 229; photos © Trustees of the British Museum, London: pp. 55, 62, 65, 87, 112, 180, 190, 209; photo ckchiu/BigStockPhoto: p. 4; Courtauld Institute of Art Gallery, London: p. 8; photo Chris Delanoue: p. 102; photo drknuth/BigStockPhoto: p. 196; from Rembert Doedens, *Stirpium historiae pemptades sex* (Antwerp, 1616): p. 74; from George Englemann, *Revision of the Genus 'Pinus' and Description of 'P. elliottii'* (St Louis, MO, 1880): p. 81; courtesy of the Erie Maritime Museum, Pennsylvania: p. 105; photo Ruth Grant: pp. 128 (foot), 132; photo habari1/2012 iStock International Inc: p. 15; illustration to Jan van der Heyden, *Beschryving der nieuwlijks uitgevonden en geoctrojeerde Slang-Brand-Spuiten, en Haare wyze van Brand-Blussen* . . . (Amsterdam, 1690): p. 112; photo igabriela/BigStockPhoto: pp. 184; photo Invicta Kent Media/Rex Features: p. 156; photo Kochergin/BigStockPhoto: p. 199; from Aylmer Bourke Lambert, *A Description of the Genus 'Pinus' illustrated with figures, directions relative to the cultivation, and remarks on the uses of the several species* (London, 1803–24): pp. 77, 84; photos Russell Lee: pp. 115, 157; photo jennifer leigh/BigStockPhoto: pp. 37; Library of Congress, Washington, DC : pp. 11, 115, 126, 141, 144, 147, 148, 157, 211, 212, 216, 217, 233; from Olaus Magnus, Historia de Gentribus Septentrionalibus . . . (Rome, 1555): pp. 73, 163; photos Janalice Merry: pp. 167, 175; images courtesy of the Missouri Botanical

1870年代	パルプ製造のクラフト法の発達（アルカリ性溶剤を使用）。
1893年	ケーネがマツ属を維管束がひとつかふたつかにもとづいて、ハプロキシロン（*haploxylon*）とディプロキシロン（*diploxylon*）に分ける。
1900年代初期	木材パルプと樹皮チップからメゾナイトの硬質繊維板が開発される。
1905年	コートールズ社がビスコースとレーヨンの商業生産を開始。
1937年	ローレル＆ハーディの映画『宝の山 *Way Out West*』のサウンドトラックに「ロンサムパインのトレイル The Trail of the Lonesome Pine」を含める。
1940年代後半	アリゾナ・ケミカル社がトールオイル分離のための分溜法を開発。
1990年代	クレードの分析が進化論的分類の主流となり、松の種の関係性についての再考につながる。
2001年	連続テレビドラマ『ソプラノス』が、舞台にザ・パイン・バレンズ（松の荒れ地）を使う。

年表

1億3000万年前頃	白亜紀。最初期の松の化石（*Pinus belgica*）。
7500万年前頃	松が硬種と軟種に分かれる。
紀元前1万5000年頃	ラスコー洞窟にフランスカイガンショウ（*Pinus pinaster*）の炭。
紀元前8000年頃	のちにストーンヘンジが築かれた場所に、松材の柱が立っていた証拠が見つかる。
紀元前7500年頃	アメリカの初期の住民がピニオンマツなどいくつかの松の種子を食用にした。
紀元前4000年頃	イギリスの大部分の地域で木材と炭、とくに精錬用の松材の需要により、ヨーロッパアカマツが根絶。
紀元前2700年頃	最古の単体の有機体として知られるコロラドのグレートベースンの「メトシェラ」の発芽。
紀元前300年頃	テオフラストスが松の木とその利用法を記録する。
紀元900 ～ 1200年	北アメリカのアナサジ族の居住地で、建材としてポンデローサマツ（*Pinus ponderosa*）を大量に使用。
960 ～ 1127年	北宋時代の風景画に松が頻繁に描かれる。
1643年	ストックホルム・ウッド・タール社が創業。
1704年	イギリス政府が「アメリカからの船舶必需品輸入奨励法」を制定、ニューイングランドでの「太い矢じり」（イギリスの官有化）政策につながる。
1713年	フランス南西部の砂丘を安定させるためにフランスカイガンショウが使われる。
1753年	リンネがマツ属に含まれる10種の松の名前を挙げる。
1775 ～ 1783年	アメリカ独立戦争がイギリスのタールおよび船舶必需品の供給に影響を与える。
1802年	エイルマー・バーク・ランバートが松についての初の研究論文として、『マツ属の解説』を発表。
1830年代	ゴム産業が溶剤としてテレビン油を使い始める。
1845年	コールタール蒸溜の急速な発達で、多くの松製品に取って代わる。

注

序章　風と火と光

1　Aljos Farjon, *Pines: Drawings and Descriptions of the Genus Pinus* (Leiden, 2005); James E. Eckenwalder, *Conifers of the World: The Complete Reference* (Portland, OR, 2009).
2　Eckenwalder, *Conifers of the World*, p. 480.
3　David M. Richardson, ed., *Ecology and Biogeography of Pinus* (Cambridge, 1998), p. 38.

第1章　松の木の博物学

1　Pierre Pomet, *A Compleat History of Druggs*, 3rd edn (London, 1737), p. 146.
2　Aljos Farjon, *Pines: Drawings and Descriptions of the Genus Pinus*, 2nd edn (Leiden, 2005), p. 220.
3　William Frederic Bade, ed., *Life and Letters of John Muir* (Boston, MA, 1924), vol. II, p. 116.
4　Pomet, *History of Druggs*, p. 146.
5　同上 p. 146.
6　Stephen Elliott, *A Sketch of the Botany of South Carolina and Georgia* (Charleston, SC, 1824), vol. II, p. 636.
7　Farjon, *Pines*, p. 15.
8　John Claudius Loudon, *An Encylopaedia of Trees and Shrubs, Being the Arboretum et Fructicetum Britannicum Abridged* (London, 1842), p. 970.
9　Ronald M. Lanner, *The Bristlecone Book: A Natural History of the World's Oldest Trees* (Missoula, MT, 2007), p. 29.
10　Farjon, *Pines*, p. 35.
11　Ronald M. Lanner, *The Piñon Pine: A Natural and Cultural History* (Reno, NV, 1981), p. 53.
12　Farjon, *Pines*, p. 21.
13　Nicholas T. Mirov and Jean Hasbrouck, *The Story of Pines* (Bloomington, IN, and London, 1976), pp. 34-5.
14　Lanner, *The Bristlecone Book*, p. 33.

15 Mirov and Hasbrouck, *The Story of Pines*, p. 36.

16 同上 p. 10.

17 Mary Curry Tressider, *Trees of Yosemite: A Popular Account* (Stanford, CA, 1932), p. 43.

18 John Davies, *Douglas of the Forests: The North American Journals of David Douglas* (Edinburgh, 1979), p. 103.

19 P. G. Walsh, ed., *Pliny the Younger: Complete Letters* (Oxford, 2006), p. 143.

20 James E. Cole, 'The Cone-Bearing Trees of Yosemite National Park', *Yosemite Nature Notes*, XVIII/5 (Yosemite, CA, 1939), p. 13.

21 同上 p. 19.

22 Robert Seymour and Malcolm L. Hunter, 'Principles of Ecological Forestry', in *Maintaining Biodiversity in Forest Ecosystems*, ed. Malcolm L. Hunter (Cambridge, 1999), p. 33.

23 John McPhee, *The Pine Barrens* (New York, 1968), p. 111.

24 Chris Czajkowski, 私信 , 30 July 2004.

25 Robert B. Outland III, *Tapping the Pines: The Naval Stores Industry in the American South* (Baton Rouge, LA, 2004), pp. 16-18.

26 John Evelyn, *Sylva, or a Discourse of Forest Trees and the Propogation of Timber: A Reprint of the 4th edn of 1716* (London, 1908), vol. I, p. 229.

27 Loudon, *An Encylopaedia of Trees and Shrubs*, p. 948.

28 Lanner, *The Bristlecone Book*, p. 86.

29 Peter B. Lavery and Donald J. Mead, '*Pinus radiata*: A Narrow Endemic from North America Takes On the World', in *Ecology and Biogeography of Pinus*, ed. David M. Richardson (Cambridge, 1998), p. 447.

30 Marcel Barbero, Roger Loisel, Pierre Quézel, David M. Richardson and François Romane, 'Pines of the Mediterranean Basin', in *Ecology and Biogeography of Pinus*, ed. Richardson, pp. 153-70.

31 D. C. Le Maitre, 'Pines in Cultivation', in *Ecology and Biogeography of Pinus*, ed. Richardson, p. 412-13.

32 Aljos Farjon, *A Natural History of Conifers* (Portland, OR, 2008), p. 68.

33 Constance I. Millar, 'Early Evolution of Pines', in *Ecology and Biogeography of Pinus*, ed. Richardson, pp. 69-95.

34 Farjon, *Pines*, p. 181.

35 Katherine J. Willis, Keith D. Bennett and H. John Birks, 'The Late Quaternary

Dynamics of Pines in Europe', in *Ecology and Biogeography of Pinus*, ed. Richardson, pp. 107-21.

36 John Ingram Lockhart, trans., *The Memoirs of the Conquistador Bernal Diaz del Castillio* (London, 1844), vol. I, p. 139.

37 Jesse P. Perry, *The Pines of Mexico and Central America* (Portland, OR, 1991), p. 217.

38 George Russell Shaw, *The Pines of Mexico* (Boston, MA, 1909), p. 3.

39 Farjon, *Pines*, p. 117.

40 Nicholas T. Mirov, *The Genus Pinus* (New York, 1967), pp. 11-12.

41 Shaw, *The Pines of Mexico*, p. 1.

42 Perry, *The Pines of Mexico and Central America*, p. 22.

43 同上 p. 217.

第2章　松の木の神話と現実

1 A. S. Kline, trans., *Ovid: The Metamorphoses*, www.ovid.lib.virginia.edu, Book VI: 675-721.

2 Aaron J. Atsma, 'Flora 2: Plants of Greek Myth: Pine, Corsican and Pine, Stone' (2000-2001), www.theoi.com.

3 Nicholas T. Mirov, *The Genus Pinus* (New York, 1967), p. 4.

4 Nicholas T. Mirov and Jean Hasbrouck, *The Story of Pines* (Bloomington, IN, and London, 1976), p. 137.

5 Alan Davidson, *Oxford Companion to Food*, 2nd edn (Oxford, 2006), p. 608.

6 Mirov, *The Genus Pinus*, p. 19.

7 Sir Arthur Hort, trans., *Theophrastus: Enquiry into Plants and Minor Works on Odours and Weather Signs* (London, 1916), vol. I, p. xiii.

8 同上 p. 211.

9 同上 p. 217.

10 同上 p. 213.

11 Russell Meiggs, *Trees and Timber in the Ancient Mediterranean World* (Oxford, 1982), pp. 43-4.

12 Christian A. Daniels and Nicholas K. Menzies, *Agroindustries and Forestry* (Cambridge, 1996), *Science and Civilisation in China*, vol. VI, pt 3, p. 600.

13 同上 pp. 568-70.

14 Mirov, *The Genus Pinus*, pp. 7-8.

15 Pierre Pomet, *A Compleat History of Druggs*, 3rd edn (London, 1737), p. 146.
16 Mirov, *The Genus Pinus*, p. 9.
17 同上 p. 10.
18 Aljos Farjon, *Pines: Drawings and Descriptions of the Genus Pinus*, 2nd edn (Leiden, 2005), p. 218.
19 James Robertson, *A Naturalist in the Highlands*, ed. D. M. Henderson and J. H. Dickinson (Edinburgh, 1994), p. 159.
20 Aylmer B. Lambert, *A Description of the Genus Pinus* (London, 1803), preface.
21 William T. Stearn, 'Lambert, Aylmer Bourke (1761-1842)', *Oxford Dictionary of National Biography* (Oxford, 2004), www.oxforddnb.com.
22 John Davies, *Douglas of the Forests: The North American Journals of David Douglas* (Edinburgh, 1980), p. 103.
23 John Hillier and Allen Coombes, eds, *The Hillier Manual of Trees and Shrubs* (Newton Abbott, 2007), p. 462.
24 Anon., *Pinus strobus*, USDA Forest Service Technology Transfer Factsheet (Madison, WI, n.d.), p. 1.
25 Robert A. Price, Aaron Liston and Steven H. Strauss, 'Phylogeny and Systematics of *Pinus*', in *Ecology and Biogeography of Pinus*, ed. David M. Richardson (Cambridge, 1998).
26 同上 p. 51.
27 Mirov, *The Genus Pinus*, p. 12 に引用.
28 Farjon, *Pines*, p. 11.
29 同上 pp. 11-12.
30 同上 p. 220.

第3章　ピッチ，テレビン油，ロジン

1 Joseph Needham with Ho Ping-Yu and Lu Gwei-Djen, *Spagyrical Discovery and Invention: Historical Survey from Cinnabar Elixirs to Synthetic Insulin* (Cambridge, 1976), in series *Science and Civilisation in China*, vol. V, pt 3, sect. 33, pp. 33, 235.
2 Russell Meiggs, *Trees and Timber in the Ancient Mediterranean World* (Oxford, 1982), p. 467.
3 Robert B. Outland III, *Tapping the Pines: The Naval Stores Industry in the American South* (Baton Rouge, la, 2004), pp. 5-6.

4 Nicholas T. Mirov, *Composition of Gum Turpentines of Pines* (Washington, DC, 1961), p. 157.
5 Outland III, *Tapping the Pines*, p. 175.
6 Sir Arthur Hort, trans., *Theophrastus: Enquiry into Plants and Minor Works on Odours and Weather Signs* (London, 1916), vol. II, p. 225.
7 同上 pp. 229-33.
8 Pierre Pomet, *A Compleat History of Druggs*, 3rd edn (London, 1737), p. 212.
9 John Evelyn, *Sylva, or a Discourse of Forest Trees and the Propagation of Timber: A Reprint of the 4th edn. of 1716* (London, 1908), vol. I, pp. 246-7.
10 Thomas Gamble, 'How the Famous Stockholm Tar of Centuries Renown is Made', in *Naval Stores: History, Production, Distribution and Consumption*, ed. Thomas Gamble (Savannah, GA, 1921), pp. 57-9.
11 John William Humphrey, John Peter Olson and Andrew N. Sherwood, *Greek and Roman Technology: A Sourcebook* (London, 1998), pp. 345-6.
12 E. S. Forster and Edward H. Heffner, trans., *Lucius Junius Moderatus Columella on Agriculture and Trees* (Cambridge, MA, 1955), vol. III, pp. 227-45.
13 Humphrey, *Greek and Roman Technology*, p. 345.
14 Forster, *Columella on Agriculture and Trees*, p. 227.
15 同上 p. 243.
16 同上 p. 237.
17 Andrew Dalby, trans., *Geoponika: Farm Work* (Totnes, 2011), pp. 150-05.
18 同上 p. 313.
19 Lu Gwei-Djen and Huang Hsing-Tsung, *Botany* (Cambridge, 1986), in series *Science and Civilisation in China*, vol. VI, pt 1, pp. 482.
20 Ho Ping-Yu, Lu Gwei-Djen and Wang Ling, *Military Technology: The Gunpowder Epic* (Cambridge, 1987), in series *Science and Civilisation in China*, vol. V, pt 7, pp. 260-01.
21 Evelyn, *Sylva, or a Discourse of Forest Trees*, p. 249.
22 Pomet, *History of Druggs*, p. 212.
23 Ann Lindsay Mitchell and Syd House, *David Douglas: Explorer and Botanist* (London, 1999), p.124.
24 Humphrey, *Greek and Roman Technology*, p. 346.
25 Pomet, *History of Druggs*, p. 212.
26 Theodore P. Kaye, 'Pine Tar, History and Uses' (San Francisco, CA, 1997), www.

maritime.org で閲覧可能.

27 Outland III, *Tapping the Pines*, p. 9.

28 同上 p. 13.

29 Pomet, *History of Druggs*, p. 209.

30 同上 p. 210.

31 John Davies, *A Manual of Materia Medica and Pharmacy* (London, 1831), p. 191.

32 Pomet, *History of Druggs*, p. 211.

33 C. Anne Wilson, *Water of Life: A History of Wine, Distilling and Spirits 300 BC-2000* AD (Totnes, 2006), pp. 35-9.

34 Outland III, *Tapping the Pines*, p. 76.

35 この開発と次の採取法についての詳細は同書 pp. 68-9を参照.

36 Dana F. White and Victor A. Kramer, *Olmstead South: Old South Critic, New South Planner* (Westport, CT, 1979), p. 55 に引用.

37 James E. Eckenwalder, *Conifers of the World: The Complete Reference* (Portland, OR, 2009), p. 459.

38 J. J. W. Coppen and G. A. Hone, *Gum Naval Stores: Turpentine and Rosin from Pine Resin* (Rome, 1995), ch. 1, www.fao.org.

39 Pomet, *History of Druggs*, p. 213.

40 Robert Latham and William Matthews, eds, *The Diary of Samuel Pepys* (Berkeley and Los Angeles, CA, 2000), vol. V, p. 1.

41 Davies, *A Manual of Materia Medica*, p. 192.

42 Pomet, *History of Druggs*, p. 211.

43 Outland III, *Tapping the Pines* pp. 159-60.

44 Nicholas T. Mirov and Jean Hasbrouck, *The Story of Pines* (Bloomington, IN, and London, 1976), pp. 37-8.

45 William Bray, ed., *The Diary of John Evelyn* (New York and London, 1901), vol. II, p. 22.

46 Mirov, *The Genus Pinus*, p. 482.

47 Forestry Commission, 'Non-Timber Markets for Trees', n.d., at secure.fera.defra.gov.uk.

48 Coppen, *Gum Naval Stores*, ch. 1, www.fao.org で閲覧可能.

第4章　木材と松明

1 John Lindley and Thomas Moore, *The Treasury of Botany* (London, 1866), vol. II, p. 891.

2 David Soulman, 私信 , 23 January 2011.

3 Albert Brown Lyons, *Plant Names Scientific and Popular* (Detroit, MI, 1900), p. 291.

4 Anon., 'Western Pine Versus Western White Pine', in *American Lumberman and Building Products Merchandiser*, 1775 (1909), p. 1180.

5 John Claudius Loudon, *An Encylopaedia of Trees and Shrubs, Being the Arboretum et Fructicetum Britannicum Abridged* (London, 1842), p. 952.

6 同上 p. 1017.

7 John Evelyn, *Sylva, or a Discourse of Forest Trees and the Propagation of Timber: A Reprint of the 4th edn. of 1716* (London, 1908), vol. I, pp. 240-41.

8 D. M. Henderson and J. H. Dickinson, eds, James Robertson, *A Naturalist in the Highlands* (Edinburgh, 1994), p. 166.

9 Christian A. Daniels and Nicholas K. Menzies, *Agroindustries and Forestry* (Cambridge, 1996), *Science and Civilisation in China*, vol. VI, pt 3, p. 571 に引用.

10 George Russell Shaw, *The Genus Pinus* (Cambridge, MA, 1914), p. 48.

11 Francis Pryor, *The Making of the British Landscape* (London, 2010), p. 36.

12 Russell Meiggs, *Trees and Timber in the Ancient Mediterranean World* (Oxford, 1982), p. 37.

13 同上 p. 202.

14 同上 p. 241.

15 Evelyn, *Sylva, or a Discourse of Forest Trees*, vol. I, p. 232.

16 Andrew Jackson Downing, *A Treatise on the Theory and Practice of Landscape Gardening Adapted to North America* (New York, 1856), p. 289.

17 James E. Cole, 'The Cone-Bearing Trees of Yosemite', *Yosemite Nature Notes*, XVIII/5 (1939), p. 22.

18 S. A. Barrett and E. W. Gifford, *Miwok Material Culture: Indian Life of the Yosemite Region: Dwellings* (Milwaukee, WI, 1933), www.yosemite.ca.us で閲覧可能.

19 S. A. Barrett and E. W. Gifford, *Miwok Material Culture: Indian Life of the Yosemite Region: Coiled Baskets* (Milwaukee, WI, 1933), www.yosemite.ca.us で閲覧可能.

20 Evelyn, *Sylva, or a Discourse of Forest Trees*, vol. I, pp. 239-40.

21 同上 p. 241.

22 Loudon, *An Encylopaedia of Trees and Shrubs*, pp. 1018-19.

23 同上 p. 958.

24 Graeme Wynn, 'Timber Trade History', in *The Canadian Encylopedia Online*, www.thecanadianencyclopedia.com, 2011.

25 Lady Strachey, ed., *Memoirs of a Highland Lady: The Autobiography of Elizabeth Grant of Rothiemurchus* (London, 1911), p. 219.

26 同上 pp. 221-2.

27 Wynn, 'Timber Trade History'.

28 Edward A. Goldman, 'Edward William Nelson, Naturalist 1855-1934', in *The Auk*, LII/2 (1935), pp. 137-8.

29 Stephen Elliott, *A Sketch of the Botany of South Carolina and Georgia* (Charleston, SC, 1824), vol. II, p. 638.

30 同上 p. 637.

31 Shaw, *The Genus Pinus*, p. 72.

32 同上 p. 74.

33 Ronald M. Lanner, *The Piñon Pine: A Natural and Cultural History* (Reno, NV, 1981), pp. 125-8.

34 Bohun B. Kinloch, *Sugar Pine: An American Wood*, USDA FS-*257* (Washington, DC, 1984), pp. 5-6.

35 Rachel Feild, *Collector's Guide to Buying Antique Furniture* (London, 1988), pp. 38-9.

36 David Soulman, 私信, 23 January 2011.

37 Elliott, *A Sketch of the Botany of South Carolina and Georgia*, p. 632.

38 David C. Le Maitre, 'Pines in Cultivation: A Global View', in *Ecology and Biogeography of Pinus*, ed. David M. Richardson (Cambridge, 1998), p. 415.

39 Herbet L. Edlin, *Know Your Conifers* (London, 1970), p. 10.

40 Le Maitre, 'Pines in Cultivation', in *Ecology and Biogeography of Pinus*, p. 416.

41 James E. Eckenwalder, *Conifers of the World: The Complete Reference* (Portland, OR, 2009), p. 470.

42 同上 p. 458.

43 Outland III, *Tapping the Pines: The Naval Stores Industry in the American South* (Baton Rouge, LA, 2004), pp. 102-05.

44 Constance Millar, 'Genetic Diversity', in*Maintaining Biodiversity in Forest Ecosystems*, ed. Malcolm L. Hunter (Cambridge, 1999), p. 482.
45 David Soulman, 私信, 23 January 2011.
46 Forestry Commission, *Non-Timber Markets for Trees*, n.d., secure.fera.defra.gov.uk で閲覧可能.
47 Ronald Lanner, *The Bristlecone Book: A Natural History of the World's Oldest Trees* (Missoula, MT, 2007), p. 18.
48 Shirley A. Graham, 'Anatomy of the Lindbergh Kidnapping', *Journal of Forensic Sciences*, XLII/3 (1997), pp. 368-77.
49 Evelyn, *Sylva, or a Discourse of Forest*, vol. I, p. 247.
50 Tsien Tsuen-Hsuin, *Paper and Printing* (Cambridge, 1985), *Science and Civilisation in China*, series vol. V, pt 1, pp. 240-51.
51 Bettany Hughes, *The Hemlock Cup: Socrates, Athens and the Search for the Good Life* (London, 2011), pp. 368-71.
52 Phillip Vellacott, trans., *Euripides, Trojan Women*, 310ff., at www.theoi.com
53 Andrew Dalby, trans., *Geoponika: Farm Work* (Totnes, 2011), p. 306.
54 Strachey, *Memoirs of a Highland Lady*, p. 227.
55 George Russell Shaw, *The Pines of Mexico* (Boston, MA, 1909), p. 51.

第5章　食材としての松

1 James E. Eckenwalder, *Conifers of the World: The Complete Reference* (Portland, OR, 2009), p. 447.
2 Gillian Riley, *The Oxford Companion to Italian Food* (London, 2007), pp. 404-05.
3 Ronald Lanner, *The Piñon Pine: A Natural and Cultural History* (Reno, NV, 1981), pp. 100-01.
4 US Food and Drug Administration, '"Pine Mouth" and Consumption of Pine Nuts', 14 March 2011, at www.fda.gov.
5 Frederic Destaillats et al., 'Identification of the Botanical Origin of Commercial Pine Nuts Responsible for Dysgeusia by Gas-liquid Chromatography Analysis of Fatty Acid Profile', *Journal of Toxicology*, 2011 (2011), Article ID 316789, www.hindawi.com で閲覧可能.
6 Pierre Pomet, *A Compleat History of Druggs*, 3rd edn (London, 1737), p. 146.
7 Yorgos Moussouris and Pedro Regato, 'Forest Harvest: An Overview of Non Timber Forest Products in the Mediterranean Region' (1999), at www.fao.org.

8 Chris Grocock and Sally Grainger, *Apicius: A Critical Edition with an Introduction and an English Translation of the Latin Recipe Text of Apicius* (Totnes, 2006), p. 149.

9 Claudia Roden, *A Book of Middle Eastern Food* (London, 1970), p. 235.

10 Claudia Roden, *The Food of Italy* (London, 1999), p. 54.

11 Riley, *Oxford Companion to Italian Food*, p. 388.

12 Peter Davidson and Jane Stevenson, eds, *The Closet of the Eminently Learned Sir Kenelm Digby Kt. Opened* (Totnes, 1997), p. 200.

13 Laura Mason, *Sugar Plums and Sherbet: The Prehistory of Sweets* (Totnes, 1998), p. 78.

14 Anon., *Brieve e nuovo modo da farsi ogni sorte di Sorbette con facilita* (Naples, n.d., *c.* 1690s); この引用部分の翻訳については Gillian Riley, Robin Weir, Ivan Day に感謝する．

15 Anissa Helou, *Lebanese Cuisine* (London, 1994), pp. 248-9.

16 同上 pp. 27-8.

17 D.C. Le Maitre, 'Pines in Cultivation', in *Ecology and Biogeography of Pinus*, ed. David M. Richardson (Cambridge, 1998), p. 409. に引用.

18 Alexander Gerard, *Account of Koonawur in the Himalaya* (London, 1841), pp. 226-7.

19 Nicholas T. Mirov and Jean Hasbrouck, *The Story of Pines* (Bloomington, IN, and London, 1976), p. 60.

20 Lanner, *The Pinon Pine*, p. 56.

21 同上 p 89.

22 Willis Linn Jepson, *The Trees of California* (San Francisco, CA, 1909), p. 36.

23 Lanner, *The Piñon Pine*, p. 58.

24 同上 p. 67

25 John Muir, *The Mountains of California* (New York, 1907), pp. 221-2.

26 同上 p. 219.

27 同上 p. 222.

28 Lanner, *The Piñon Pine*, p. 70.

29 S. A. Barrett and E. W. Gifford, *Miwok Material Culture: Indian Life of the Yosemite Region: Conifers* (Milwaukee, WI, 1933), www.yosemite.ca.us で閲覧可能.

30 Willis Linn Jepson, *The Trees of California*, pp. 37-8.

31 Barret,*Miwok Material Culture, Conifers*, www.yosemite.ca.us. で閲覧可能.
32 Le Maitre, 'Pines in Cultivation', p. 418.
33 Mary Isin, *Sherbet and Spice: The Complete Story of Turkish Sweets and Desserts* (London, 2012), p. 38.
34 同上 p. 39.
35 Bohun B. Kinloch, *Sugar Pine: An American Wood*, USDA FS-*257* (Washington, DC, 1984), p. 5 に引用.
36 Aylmer Bourke Lambert, *A Description of the Genus Pinus* (London, 1803), p. 74.
37 Euell Gibbons, *Stalking the Healthful Herbs* (New York, 1966), pp. 117-22.
38 John Davies, *Douglas of the Forests: The North American Journals of David Douglas* (Edinburgh, 1979), p. 64.
39 Helen Saberi, *Tea* (London, 2011), p. 16 (『「食」の図書館 お茶の歴史』竹田円訳/原書房)
40 Mary Taylor Simeti, *Sicilian Food* (London, 1989), pp. 163-4.

第6章　神話の松，芸術の松

1 Anon., *Cultus Arborum: A Descriptive Account of Phallic Tree Worship* (1890), p. 75.
2 Arthur Golding, trans., *Ovid's Metamorphoses* (Baltimore, MD, 2001), p. 56.
3 Nicholas T. Mirov and Jean Hasbrouck, *The Story of Pines* (Bloomington, IN, and London, 1976), p. 57.
4 Sir James Frazer, *The Golden Bough: A Study in Magic and Religion* (London, 1922), p. 387.
5 同上 pp. 347-8.
6 同上 p. 347.
7 同上 p. 352.
8 同上 p. 353.
9 同上 p. 354.
10 Walter Friedrich Otto, *Dionysos: Myth and Cult* (Bloomington, IN, 1995), p.134.
11 James W. Jackson, 'Villa of the Mysteries, Pompeii', www.art-andarchaeology.com, 23 October 2012 に最終アクセス.
12 Corrado Ricci and Ernesto Begni, *Vatican: Its History Its Treasures* (Whitefish, MT, 2003), pp. 45-6.

13 William M. Chiesa, *Non-Wood Forest Products from Conifers* (Rome, 1998), ch. 2, p. 1.
14 Anon., *Cultus Arborum*, pp. 93-4.
15 同上 p. 76.
16 Sharon Hudgins, *The Other Side of Russia* (College Station, TX, 2003), p. 134.
17 同上 p. 188.
18 Christopher McIntosh, *Gardens of the Gods: Myth, Magic and Meaning in Horticulture* (London, 2004), p. 49.
19 Patricia Bjaaland Welch, *Chinese Art: A Guide to Motifs and Visual Imagery* (North Clarendon, VT, 2008), p. 37.
20 Jake Hobson, *Niwaki: Pruning, Training and Shaping Trees the Japanese Way* (Portland, OR, 2007), p. 63.
21 同上
22 Murasaki Shibuku, Royall Tyler, trans., *The Tale of Genji* (London, 2003), p. 432.
23 Hobson, *Niwaki*, p. 35.
24 Chen Jun-yu and Zhang Shi Can, 'The World of Forestry', *Unasylva*, xxxi/126 (1979) に引用.
25 Hobson, *Niwaki*, p 63.
26 同上 p. 9.
27 同上 p. 35.
28 日本の織物については着物収集家の Ceri Oldham に情報をいただいた.
29 Chiesa, *Non-Wood Forest Products from Conifers*, p. 4.
30 Leo Hickman, 'The Mammoth Camera', in *Guardian Review* (31 December 2011), pp. 14-15.
31 Ansel Adams, *The Portfolios of Ansel Adams with an Introduction by John Szarkowski* (Boston, MA, 1981). Portfolio III, plates 1, 5, 15; Portfolio iv, plate 2; Portfolio vi, plate 3 などを参照.
32 Michael P. Cohen, *A Garden of Bristlecones* (Reno, NV, 1998), p. 212.
33 同上 p. 217.

第7章　松の枝を鳴らす風の音

1 William Bray, ed., *The Diary of John Evelyn* (New York and London, 1901), vol. I, p. 228.

2 Mrs Ann Radcliffe, *The Mysteries of Udolpho* (New York, 1869), pp. 178-9.
3 Terry Gifford, *John Muir, His Life, Letters and Other Writings* (London and Seattle, WA, 1996), p. 321.
4 William Frederic Badè, ed., *Life and Letters of John Muir* (Boston, MA, 1924), vol. II, pp. 22-3.
5 同上 p. 309.
6 Robert Service, *Songs for My Supper* (New York, 1953).
7 Theodore Chickering Williams, trans., *Virgil: Georgics and Ecologues* (Cambridge, 1915), p. 155.
8 Leigh Hunt, 'The Nymphs Part II', in *Foliage: Poems Original and Translated* (London, 1818), p. xxii.
9 John Thompson, trans., 'Song of Wind Through the Pines', www.silkqin.com, 22 February 2013に最終アクセス.
10 Gary Snyder, trans., 'Climbing Up the Cold Mountain', in *Poetry of HanShan*, www.chinapage.com, 22 February 2013に最終アクセス.
11 Henry Wadsworth Longfellow, *Poetical Works* (New York, 1886), vol. II, p. 19.
12 Henry Wadsworth Longfellow, *The Song of Hiawatha* (London, 1855), p. 5.
13 Barry Cornwall, *The Poetical Works of Barry Cornwall* (London, 1822), vol. III, p. 121.
14 同上 p. 163.
15 Michael P. Cohen, *A Garden of Bristlecones* (Reno, NV, 1998), p. 213.
16 おそらくもっともよく知られているのは，ディズニー映画『ファンタジア2000』（1999）のクジラの登場シーンの音楽だろう.
17 Albert J. von Frank and Thomas Wortham, eds, *The Collected Works of Ralph Waldo Emerson* (Cambridge, MA, 2011), vol. IX, p. 107.

ローラ・メイソン（Laura Mason）
食物史家，フードライター。植物にも造詣が深い。ヨークシャー地方の農場で育ち，イギリスの食文化に深い関心を寄せる。ナショナル・トラストから何冊かのレシピ本を出版しているほか，『お菓子の図書館 キャンディと砂糖菓子の歴史物語』（邦訳：原書房）などの著書がある。さまざまな刊行物への食をテーマにした寄稿も多い。

田口未和（たぐち・みわ）
上智大学外国語学部卒。新聞社勤務を経て翻訳業に就く。主な訳書に『「食」の図書館 ピザの歴史』『「食」の図書館 ナッツの歴史』『「食」の図書館 サラダの歴史』『「食」の図書館 ホットドッグの歴史』（以上，原書房），『デジタルフォトグラフィ』（ガイアブックス），『SPACE SHUTTLE 美しき宇宙を旅するスペースシャトル写真集』（玄光社）など。

花《はな》と木《き》の図書館《としょかん》

松《まつ》の文化誌《ぶんかし》

●

2021年1月29日　第1刷

著者……………ローラ・メイソン
訳者……………田口未和《たぐちみわ》
装幀……………和田悠里
発行者……………成瀬雅人
発行所……………株式会社原書房

〒160-0022 東京都新宿区新宿 1-25-13
電話・代表 03(3354)0685
振替・00150-6-151594
http://www.harashobo.co.jp

印刷……………新灯印刷株式会社
製本……………東京美術紙工協業組合

ISBN 978-4-562-05868-6, Printed in Japan